JN082675

初心者でも、一人でも、低リスクで独立できる！

0（ゼロ）からはじめる ネット広告代理店開業ガイド

デジマチェーン株式会社 代表
西 和人［著］

はじめに
〜日本中の中小企業、小規模企業者がネット広告代理店を求めている

ネット広告代理店事業の原点になった、ある治療院の集客

「治療院を開業したが、思うように集客できない。ホームページを活用できないだろうか」

約20年前、私がネット広告代理店業界に入って間もない頃、お世話になっていた治療院の先生からそんな相談を受けました。

当時はネットで集客といえばSEO（検索エンジン最適化）が主流の時代でしたが、私はリスティング広告での集客効果を知っていたこともあり、ホームページの制作とリスティング広告を提案しました。そしてその企画が採用され、はじめて仕事を受注することになったわけですが、この経験が私の「ネット広告代理店事業」の原点となっています。

治療院の集客といえば、現在はエリア戦略で展開するのが定石です。つまり「エリア名＋治療院」といったキーワードで出稿し、地域ナンバーワン店を目指す方法です。しかし、私は異なるアプローチから入りました。

先生は顔面神経麻痺の治療が得意で、外科手術を受けても治らなかった患者さんを何名も改善させてきた実績を持っていました。そこで「顔面神経麻痺」に特化したホームページをつくり、リスティング広告の掲載範囲を地域限定ではなく全国に広げたのです。すると、これがあたりました。同じ症状で悩んでいる全国の患者さんからの問い合わせが相次ぎ、すぐ1ヶ月先までの予約が埋まってしまったのです。

ネット広告で人をつなげば、きっと誰かの役に立てる

治療院が繁盛するようになってから、先生のもとを訪ねる機会がありました。その時、私は信じられないような話を耳にすることになります。

先生の治療院には重度の患者さんが数多く来院されるようになっていたのですが、そのなかでも特に症状の重いＡさんという方が遠方から来られてい

ました。この方は10年以上前に顔面神経麻痺を発症して以来、病院を何件も回ったものの改善の見込みがなく、治療を諦めかけていたそうです。そんなある日、治療院の広告を目にして希望を抱き、すがる思いで先生の治療院に相談にこられたとのことでした。

Aさんの病状は先生から見ても改善する見込みがあるかどうか分からない状態でしたが、とにかく治療を進めることが決まりました。すると1ヶ月もすると変化の兆しが見えはじめ、数ヶ月後には普通の人と変わらない状態にまでよくなったのです。

その時、Aさんが呟いたという一言を先生から伺い、私は言葉を失いました。

「もう一生、笑うことなんてできないと思っていました」

顔面神経麻痺とは、人が一番注目する顔の神経が動かなくなる病気です。Aさんは10年以上も表情を思うようにつくれず、人と会うことさえ控えるようになっていたといいます。

「笑う」という、一般の人にとっては普通のことができなくなる。そのつらさがどれほどのものか、私には想像すらできませんでした。

しかしたった一つだけ、Aさんの力に僅かにでもなれたのかもしれないという、かすかな手応えがありました。それがリスティング広告です。もし私がリスティング広告を出していなければ、Aさんが先生と出会うことはおそらくなかったでしょう。

その時、私は確信しました。

「悩んでいる人と、悩みを解決できる人をネット広告でつなぐことができれば、きっと誰かのお役に立てる」と。

必要な人に情報がうまく伝わっていないからこそ広告が必要

その後、私は大手ネット広告代理店に入社して広告運用業務に携わったのち、ハウスメーカーのグループ会社で広告自社運用チームの立ち上げを経験しました。そして2014年にネット広告代理店事業を主軸としたデジマチェーン株式会社を設立し、現在に至ります。

こうしてネット広告代理店業界に身を置くようになってからの約20年、企業規模の大小を問わず、数多くの会社のネット広告を手がけてきました。その間、常に頭の片隅にあったのが冒頭のエピソードです。

もちろんネット広告代理店として仕事をしている以上、広告主が求める成果を追求しなければなりません。広告主の期待に応えることができなければ広告代理店としての仕事を失うでしょう。白状すると、成果を出すために手段を問わない行動に出た経験も過去にはありました。

しかしながら、リスティング広告を通して誰かの悩みを解決する手助けができたのは紛れもない事実なのです。

世の中には、あの治療院の先生のように確かな腕があるにもかかわらず、集客がうまくできずに実力を発揮できていない人がたくさんいます。同様に、Aさんのように深い悩みを抱えながら、解決できずにいる人もたくさんいます。お互いに手を伸ばし合っているにもかかわらず、適切に結びつくことができていないのです。

なぜなら技術を持つ人の情報が、それを必要とする人にうまく伝わっていないからです。だからこそ広告が必要なのです。

需要が多いのに供給が不足している地方にこそビジネスチャンスがある

情報の発信者と受け手の乖離について、常日頃から課題に感じることがありました。詳しくは本文で解説しますが、特に地方の中小企業や事業主の貴重な情報が、それを求めている人に届いていないという現実があるのです。現在、ネット広告代理店は大都市圏に一極集中し、小規模の広告予算しか持たない地方の中小零細企業や事業主の対応は手薄になっています。

悩みを持つ人たちに対して、解決できる人たちの情報をきちんと届ける。そのためには、情報をつなぐ役目を持つネット広告代理店の存在が不可欠です。

なかでもネット広告の需要が多いにもかかわらず、供給が不足している地方にこそ、情報の媒介者であるネット広告代理店が必要である。この結論に至ったのが、私が本書を発刊するに至った一番の理由です。

感動体験が忘れられず、すべての人を救うんだというような聖人君主を気取るつもりはありません。需要が供給を上回る地方でネット広告代理店を開業すれば、ビジネスとして利益を出すことができる。私自身も大阪でネット広告代理店を経営しているからこそ、身をもって体感できている事実です。

つまりビジネスの視点で地方のネット広告市場を俯瞰すれば、そこに確かな商機があります。あなたがその商機をつかむためのきっかけとして、本書が少しでも役立てば幸いです。

2020年8月

デジマチェーン代表　西和人

CHAPTER 4 ネット広告代理店の新潮流「コンサル型ネット広告代理店」

CHAPTER 5 ネット広告代理店専用パッケージ商品のつくり方

CHAPTER 10 ネット広告代理店社長と語る「事例対談」

CHAPTER

1

今、ネット広告代理店をはじめるべき理由

STEP 1 ネット広告の市場規模は拡大を続けている

伸び盛りの市場でビジネスに取り組めるというメリット

まず、地方でネット広告代理店事業を開業して成功できる可能性について、数字でより具体的に迫ってみたいと思います。

近年、インターネット広告市場は5年連続で2桁成長を続けています。2019年度のインターネット広告費は2兆1048億円（前年比119．7%）に拡大し、インターネット広告費がテレビ広告費を上回りました。

経済が成熟し、今後も市場規模が右肩下がりを続けていくであろうこの日本において、成長市場を見つけるのは簡単ではありません。伸び盛りの市場でビジネスに取り組めるという点に限ってみても、ネット広告市場に飛び込むメリットがあるといえるでしょう。

図表1-1 日本の広告費の推移

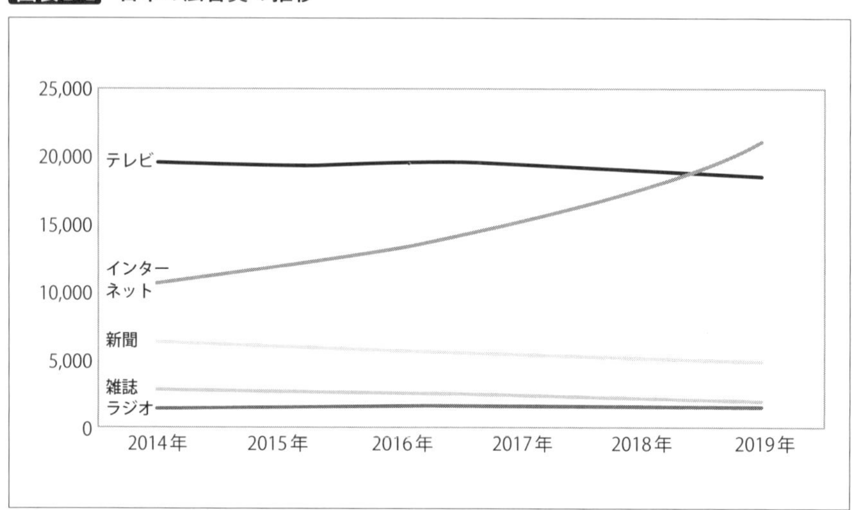

※株式会社電通「2019年日本の広告費」より作成

まだまだ参入の余地が十分にある市場

さらに注目すべきは、企業のネット広告利用率が46.4%に留まっている点です。ネット広告市場はまだまだ広大で、参入の余地が十分にあることが分かります。

図表1-2 産業別・資本金規模別インターネット広告の実施状況

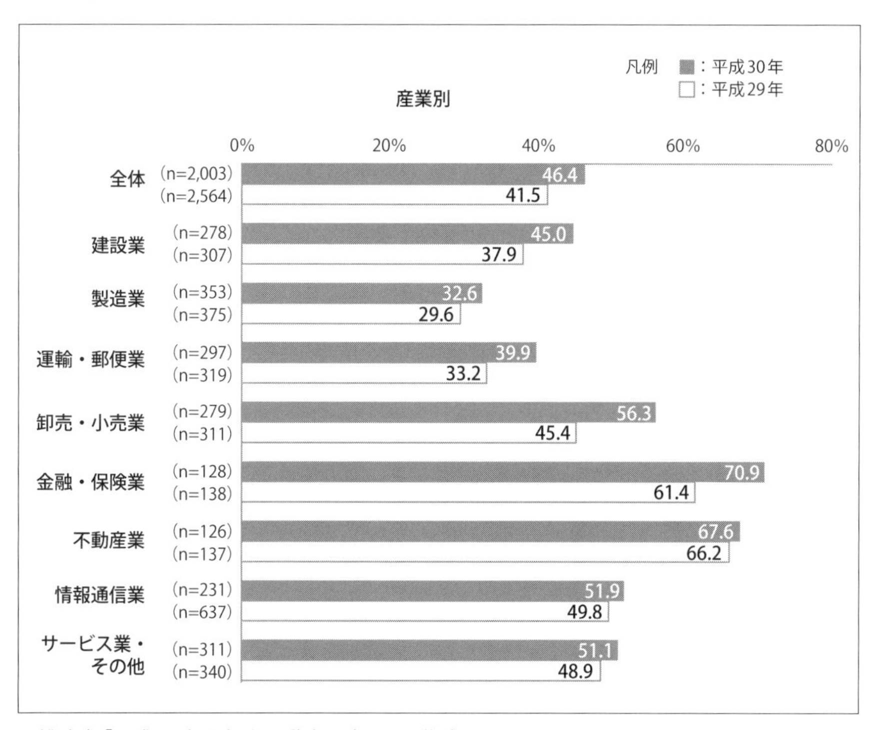

※総務省「平成30年通信利用動向調査」より作成

ただしその内訳を見ると、「不動産業」「金融・保険業」といった業種では、ネット広告利用率がいずれも6割を超えています。総じてBtoCに関連する業種については、ネット広告を企業が積極的に利用している状況がみてとれます。

一方、「製造業」「運輸業」といったBtoBを前提とした業種の利用率は低くなっています。

中小企業が安心して任せられるネット広告代理店の価値は高まっていく

たとえば製造業を例に挙げると、全国には高い技術力を武器に世界で活躍している、ものづくり企業がたくさんあります。そうした企業のなかには下請けの仕事から脱却するべく、自社の技術力を活かしたオリジナル商品を開発し、BtoCマーケットに積極的に展開しようとする動きが強まっています。

ところが技術やノウハウは一流でも、認知度が低く、マーケティング力も弱いためBtoCでは注目を集めにくいのです。

大手から仕事が割り振られていくシャンパンタワーのような日本独特の下請け構造は崩壊のさなかにあります。今後、全国の中小製造業者はもとより、各種のBtoB業者もネット広告を有意に活用し、自社のブランディングやオリジナル商品の販促活動などに取り組む傾向がより顕著になっていくでしょう。

そこで求められるのが、やはりネット広告代理店の存在です。現状は全体で4割に留まる中小企業のネット広告利用率が増すほどに、その受け皿となるネット広告代理店が不可欠になってくるからです。

中小企業がネット広告の出稿や運用を相談し、安心して任せられるネット広告代理店の価値が今後、ますます高まっていくのは間違いありません。

STEP 2 「中小企業」を細分化すると「本当の狙いどころ」が見えてくる

一口に「中小企業」といっても範囲は広い

ただし、ここまでの数字で前提としてきた「中小企業」は、実は範囲が相当広いことにお気づきでしょうか。

2016年の中小企業庁によると、日本の企業数は358.9万社とされています。そのなかでも「中小企業・小規模企業者」の数は357.8万社、日本の企業数の99.7%を占めています

図表1-3 中小企業・小規模企業者の数（2016年6月時点）の集計結果

種別	社数	割合
中小企業・小規模企業者	357.8	99.7%
小規模企業者	304.8	84.9%
中小企業	53.0	14.8%
大企業	1.1	0.3%
合計	358.9	

※中小企業庁資料より作成　単位（万社）

しかし、この数はよく「中小企業」とひとまとめにされがちです。本来は「中小企業・小規模企業」とするべきところを、「中小企業」とまとめられることで、実態とかけ離れた見え方になっています。

たとえば「製造業その他」の中小企業基本法の定義は「資本金の額又は出資の総額が3億円以下の会社又は常時使用する従業員の数が300人以下の会社及び個人」となっています。後述のようにネット広告代理店を開業してすぐ狙うべき企業規模としては難しいでしょう。

このように、「中小企業」という大きな枠組みで考えると狙うべき市場がぼ

やけます。

しかも「ネット広告」と一口にいっても、各種の運用型広告からアフィリエイト、求人まで支援メニューは千差万別です。広告主の企業規模や業種業態によって支援の仕方は異なりますから、その意味でも「中小企業」でひとくくりにして参入市場を見定めようとするのは難しい側面があるのです。

図表1-4　中小企業・小規模企業者の定義

業種	中小企業		小規模企業
	資本金の額、又は出資の総額	常時使用する従業員の数	常時使用する従業員の数
1.製造業、建設業、運輸業、その他の業種（2-4を除く）	3億円以下	300人以下	20人以下
2.卸売業	1億円以下	100人以下	5人以下
3.サービス業	5,000万円以下	100人以下	5人以下
4.小売業	5,000万円以下	50人以下	5人以下

※中小企業庁資料より作成

一方、中小企業庁は「小規模企業者」も同様に定義しています。「製造業その他は従業員20人以下」「商業・サービス業は従業員5人以下」というものです。

これらの小規模企業者の定義に当てはまる企業数は304.8万社にのぼります。357.8万社の中小企業のうち、じつに85％が小規模企業者というわけです。

既存のネット広告代理店が対象にしていない小規模企業者が狙い目

以上の数字を踏まえた上、では新たにネット広告代理店を開業して狙うべき市場はどこでしょうか？

私はネット広告代理店の総数と中小企業庁が定義する「小規模企業者」を除く「中小企業」の関係性に着目しました。

まず、全国の広告代理店の事業所数ですが、経済産業省の平成30年度特定サービス産業実態調査「広告業」では8,916箇所となっています。そのうち、インターネット広告を取り扱っている事業所数は2,791箇所でした。ちなみにこの数は全数調査ではなく標本調査の結果です。そのため想定の数値である点に加え、同一企業の支社も事業所数に含んでいることに注意してください。

図表1-5 全国の広告代理店の事業所数

	合計	割合	インターネット広告代理店事業所数（推測）	都道府県ごとのインターネット広告代理店事業所数（推測）
全国	8,916	—	2,791	—
東京	2,647	29.7%	829	829
地方（東京以外46道府県）	6,269	70.3%	1,962	43

※経済産業省「平成30年度特定サービス産業実態調査 広告業」より作成

一方の「中小企業」の数は、53万社あります。このようにみていくと、「ネット広告代理店1社あたり約190社の中小企業（53万社÷2,791）」という市場構造になります。

これが何を意味しているのかといえば、既存のネット広告代理店は、小規模企業者にまで営業範囲を広げなくても、中小企業の53万社を対象にするだけでビジネスが成立していると考えられることです。

中小企業はその企業規模を活かして比較的多くの広告予算を投じることができるため、ネット広告代理店にとって「中小企業」というマーケットはより多くの手数料を獲得できる商売上のうまみがあります。実際、近年は中小企業支援に特化したネット広告代理店も増えてきました。

このように中小企業までの営業範囲で留まっている結果、全国の小規模企業者にまでネット広告代理店のサービスが行き届いていないのが現状です。

視点を変えると、304万社以上ある「小規模企業者」こそ、これからネット広告代理店をはじめる際の「本当の狙いどころ」といえるのです。

STEP 3 狙うべき市場は「地方×小規模企業者」というマーケット

地方の小規模企業者がネット広告を活用できない二つの理由

加えていえば、中小企業全体でネット広告の利用率が4割に留まるなか、特に地方の小規模企業者はネット広告を活用しきれていない実情があります。

その要因は次の2点です。

- ネット広告代理店が東京を中心とした大都市圏に集中している。
- 既存のネット広告代理店は中企業を相手にするだけで商売が成り立っていると考えられる。

以上の二つの要因から地方の小規模企業者に対応できるネット広告代理店が少なく、その結果、地方の小規模企業者は「ネット広告の相談がしたくても頼む先がない」という状況になっています。

東京と地方ではネット広告代理店の数に約20倍の差がある

この点について、都道府県別のネット広告代理店の事業所数について考えてみましょう。先ほど紹介した経済産業省の統計資料のなかでは、都道府県別のインターネット広告を取り扱う事業所数は記載されていませんでした。そこで、都道府県別の広告代理店事業所数の割合をインターネット広告の事業所数に割り当てて仮定の数値を出します。多少、強引なやり方になりますが、参考数値として見てください。

東京都とそれ以外の46道府県を地方として分けます。東京にはインターネット広告を取り扱う事業所数は829箇所あり、地方では1道府県あたり43箇所でした。東京と地方では約20倍の差があります。

ちなみに、地方のなかには大阪府や愛知県、福岡県など大都市圏も含んでいます。大都市圏を含まない地方になれば、さらにネット広告代理店の数は少ないことは容易に考えられるでしょう。

小規模企業は相手にされていないという実情

実際、地方の小規模企業者から耳にした話では、「ネット広告代理店に問い合わせをしても返事すらもらえなかった」ということでした。

あるいは中小企業支援に特化したあるネット広告代理店では、「ネット広告出稿予算が月間300万円以上の広告主しか受け付けない」といいます。地方で月間300万円の広告予算を捻出できる企業は限られるでしょう。つまり中小企業支援を行うネット広告代理店は、地方には目を向けていても、小規模企業を相手にすることができないのです。

そもそも10万人規模の地方の街でも、ネット広告を取り扱う広告代理店が存在しないケースも少なくありません。

人口も経済も大都市圏に一極集中する日本では、ネット広告市場も同様に地方格差が拡大しているといえます。

STEP 4 手数料ビジネスの限界のしわ寄せが地方に

ネット広告代理店は広告予算で住み分けている

ここでネット広告代理店の市場構造を、広告予算という切り口で図式化したのでご覧ください。

広告主が支払う月間広告予算は10万円～1,000万円以上まで大きな開きがあります。これらのうち、月間広告予算が300万円～1,000万円以上の案件は大手の広告代理店と中堅広告代理店の間で取り合いになっています。

その一段下の月間広告予算100万円～300万円あたりから小規模広告代理店が参入しはじめ、さらにその下の30万円～100万円の市場は小規模広告代理店の独壇場となっています。大手の広告代理店ほど大規模案件を取りにいきますから、必然的にすみ分けが生まれるわけです。

図表1-6 広告予算別の市場構造

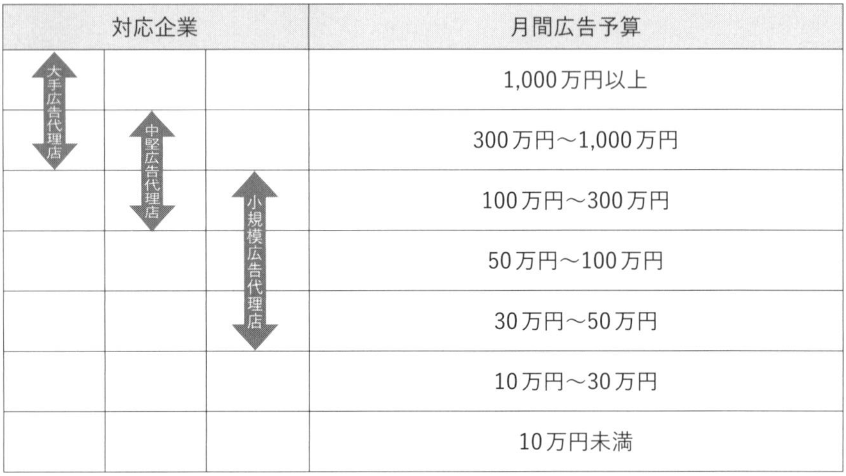

対応企業			月間広告予算
↕大手広告代理店			1,000万円以上
	↕中堅広告代理店		300万円～1,000万円
		↕小規模広告代理店	100万円～300万円
			50万円～100万円
			30万円～50万円
			10万円～30万円
			10万円未満

月間広告予算30万円以下の市場の受け皿が不足している

一方、この図を見てお気づきの方も多いと思いますが、30万円より小さな広告予算規模の案件は、小規模広告代理店ですら営業対象としていないのが分かります。

実はこの30万円以下の市場とは、イコール地方の小規模企業者と置き換えることが可能です。

「ネット広告代理店に連絡しても返事をもらえなかった」というエピソードを紹介しましたが、その話をしてくれた地方の小規模企業者が負担できる月間広告予算は30万円程度でした。

「10～30万円程度しか月間予算を組むことはできないけれど、ネット広告を何とか出したい」

そんな希望を持つ小規模企業者が地方にたくさん存在する一方、その需要の受け皿となるネット広告代理店の供給がまったく追いついていないのです。

「地方×小規模企業者」はブルーオーシャン

次章以降で詳述するように、ネット広告代理店の収益の中心は手数料です。ネット広告代理店は広告予算の20%程度の手数料を受け取ることになります。そのため、大きな広告予算を持つ広告主と取引をした方が、ネット広告代理店にとっては手数料が多く入り、経営効率が高まるのです。

結果、予算の少ない広告主、つまり地方の小規模企業者をサポートするネット広告代理店は必然的に少なくなってしまうわけです。

このように、地方の小規模企業者が置き去りにされている現状を整理すると、「地方×小規模企業者」というマーケットはまさにブルーオーシャンの状態にあることが分かります。

つまり「地方×小規模企業者」というマーケットが、今後ネット広告代理店をはじめる方には、もっとも狙うべき市場、もっとも稼げる市場ということになるのです。

STEP 5

治療院の４割が「ネット広告を利用したい」

地方の小規模企業者のネット広告利用状況を調査してみた

地方の小規模企業者のネット利用に関して面白いデータがあります。

私が経営するネット広告代理店開業育成支援会社「デジマチェーン株式会社」と、岡山を拠点に治療院の集客支援を展開している「YMC株式会社」による2社共同で、全国の治療院を対象に行った「ネット広告利用状況に関するアンケート調査」(2019年2月19日～22日、ネット調査実施、有効回答数202件）です。

この調査では全国36の都道府県から有効回答が寄せられました。小規模企業者の定義である、「商業・サービス業は従業員5人以下」を割り当てると、回答者の79.7%が小規模企業者に当てはまります。つまり「従業員5人以下の小規模に経営を展開している治療院」の状況が回答に表れているのが本アンケートの前提です。

図表1-7 治療院の従業員数（自主調査）

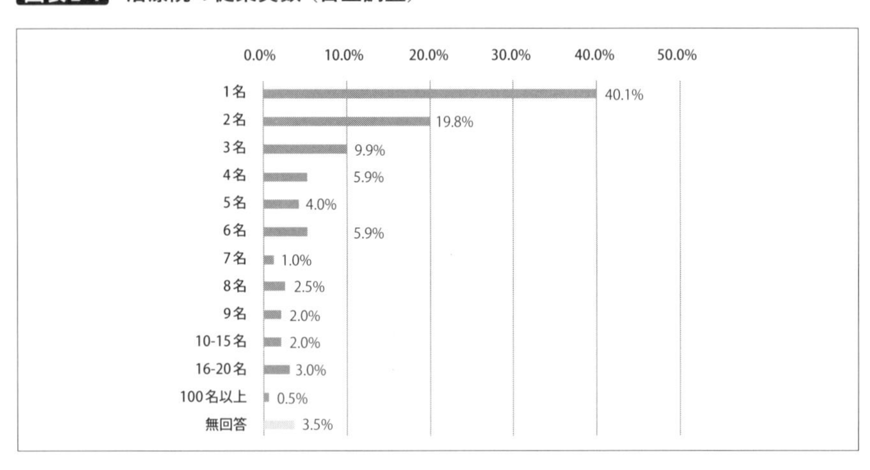

ネット広告を使う事業者ほど経営好調

さて、この調査で「過去1年間の宣伝方法」について聞いたところ、経営好調（非常によい・よい）の治療院と、経営不調（よくない・あまりよくない）の治療院とで10ポイント以上の差がついた項目がありました。

図表1-8 過去1年間の宣伝方法について（自主調査）

経営状況	よくない・あまりよくない	普通	非常によい・よい
Googleマイビジネス	65%	63%	80%
Facebook	44%	42%	56%
インターネット広告	27%	35%	44%
YouTube	10%	12%	36%
鍼灸コンパス	13%	13%	24%
電話帳広告	6%	7%	20%
ポスティング	49%	40%	20%
折込チラシ	37%	33%	16%

宣伝方法26種の回答（複数回答可）について、経営状況「よくない・あまりよくない」と「非常によい・よい」で10ポイント以上差がある項目のみ抜粋

そこで当該項目について経営状態と広告利用の関連性を調べたところ、経営好調の治療院ではネット広告・YouTube・Googleマイビジネス・Facebookなどの利用率が高い一方、経営不調の治療院はポスティング・折込チラシの利用率が高いことが分かりました。ネット広告を使う治療院と、旧来の宣伝方法が中心の治療院で、経営状態に差が生じる可能性が浮かび上がったのです。

ネット広告は予算や期間、内容などを自らコントロールでき、独自の効率的な集客・販売システムをつくりあげることができます。調査結果を見ても明らかなように、経営資源の乏しい地方の小規模企業者こそ、ネット広告をテコにビジネスを拡大できるチャンスがあるといえます。

条件次第でネット広告代理店を利用したい層もいる

さらにこの調査では、「ネット広告代理店を利用してみたいか、利用したくないか」についてもアンケートを行っています。結果、「利用したい」と「利用したくない」が4割ずつで均衡し、残りの2割は「その他」でした。

私が着目したのは「その他」の理由です。

様々な回答が寄せられていたなかで、「費用対効果がよければ使ってみたい」といった主旨の意見がもっとも多くありました。「費用対効果がよければ……」と専門的な用語が枕についていることから、「その他」の2割の人たちの総和は「マーケティングがある程度理解できている層」であると考えられます。

また、回答のなかには「ネット広告代理店に依頼したが断られた」という意見も複数ありました。利用を検討したが、断られたので仕方なく自分でやるしかないという実態も見え隠れしています。

このように考えていくと、「その他」の2割の人は「条件次第でネット広告代理店を利用したい層」であることが見られます。

ネット広告の活用は全国の小規模企業者に共通した課題

治療院業界に限っていえば、健康保険に関する指導が強化されたり、申請手続きが厳格化されたりする措置が進んでおり、経営の安定化のために自費診療施術といった強みを活かした集客がますます重要になっています。

患者さんから選ばれる治療院になるためにも、自院の強みを磨き上げ、自ら集客できるビジネスモデルを確立する必要があるわけです。これは治療院業界に限らず、市場の縮小傾向が続く他の分野においても同様でしょう。

今回の調査は地方の治療院に特化していますが、ネット広告を活用したマーケティングやブランディングに取り組むのは、日本全国の小規模企業者に共通した課題といえます。その意味でも、地方の小規模企業者のネット広告市場にはビジネスチャンスが眠っているといえます。

STEP 6 地方の小規模企業者が抱く三つの「分からない」とは？

三つの「分からない」がネット広告の出稿を阻んでいる

このように地方にはネット広告の出稿を希望している小規模企業者がたくさん存在します。ところがネット広告代理店からは相手にされていない。そんな現状に対して、私は地方の小規模企業者には、次の三つの「分からない」不満が蓄積していると見ています。

①「ネット広告とは何か」が分からない

「ネット広告は漠然とは知っているけど、具体的にどのような種類があるのか、どのような仕組みで動いているのか、どの程度の予算があれば出稿できるのかと聞かれると、さっぱり分からない」という人が少なくありません。

これはネット広告に限りませんが、そもそも分からないことに対しては、疑問を持ったり、質問したりすることもできません。

まして技術が日々アップデートされていくインターネットやITの世界はなおさらで、私たち専門家でさえネット広告の進化についていくのは容易ではありません。プロでさえそうなのですから、一般の人がネット広告を理解するのは簡単ではないのは確かでしょう。

②「出稿や広告運用の仕方」が分からない

第一のハードル「ネット広告とは何かが分からない」をクリアし、ネット広告に関する知識をある程度持つと、「どうやら自分でも広告を出せるらしい」ということが分かってきます。

しかし、ここで二つ目のハードルが立ちはだかります。どうやって出稿すればいいか分からないのです。

小規模企業者の方々は、プレイングマネージャーとしてビジネスの一線で活躍されています。ただでさえ本業で忙しいのに、ネット広告に関する勉強を行い、自分で広告を出して運用するための時間を捻出できる人はほとんどいません。

デジタル全般に興味関心のある方の場合、趣味の一環でネット広告にチャレンジされるケースはまれにあります。しかし多くの場合、思うような成果を上げられずに行き詰ってしまいます。自分でネット広告を出せるからといって、素人の知識で効果を実感できるほど甘くはありません。

以前、クライアントである治療院の先生が次のようにおっしゃっていました。

「確かにネット広告は誰でも扱えるが、西さんはネット広告代理店の業界で20年近くのキャリアを持つプロフェッショナルです。それは私自身が長年、治療院を経営するなかで技術を磨いてきたのと同じこと。餅は餅屋で、素人の私がネット広告を運用できるのかといえば大間違いで、信頼できるプロに任せるべきでしょう」

この先生の言葉にあるように、事業主の方々には本業に経営資源を集中していただき、ネット広告は信頼できるプロに任せることができればというのが私の思いです。

いずれにせよ、大半の事業主の方々はネット広告に興味を持ちながらも、「じゃあどうすればいいの？」という段階で立ち往生しているのが実情です。

③「どこに頼めばいいのか」が分からない

ところが、いざ地方の小規模企業者がネット広告の出稿をプロに頼もうと思うと、第三のハードルにぶち当たることになります。そもそもネット広告代理店という存在を知らないことも多いでしょうし、仮に知っていてもそんな会社は近くにないのです。そこでハタと気づきます。

「誰に頼めばいいの？」

仮にネット検索でめぼしいネット広告代理店を見つけても、すでに触れたように、連絡しても返事すらないケースが少なくありません。

そうこうしている間にも、本業のビジネスは待ったなしで動いています。

頭では「ネット広告を利用したい」と思いながらも、日常に忙殺されるなかで徐々に忘れてしまうのが実際のところではないでしょうか。

以上の三つの「分からない」の結果、高い技術やノウハウを持つ小規模企業者が日本中に数多く存在するにもかかわらず、その人たちの情報が必要とする人たちに伝わらないという、本章の冒頭で提起した問題が生じてしまうわけです。

STEP 7 地方のネット広告需要に応えるための受け皿が必要

ネット広告を出した後も課題が生じる

前項で示した三つの「分からない」をクリアし、ネット広告代理店に依頼することができた場合でも、新たな課題が生じます。

・「ネット広告代理店が何をやっているのか」が分からない
・「ネット広告代理店への依頼や要望の伝え方」が分からない　など

特にネット広告を自分で出した経験がない人の場合、そもそも広告管理画面という存在自体を知りません。そのため「ネット広告代理店の担当者はどこで何をやっているのだろう」と不安に感じてしまうのです。

さらに自社のネット広告がどの媒体で、どのような見え方や精度で表示されているのかすら把握できていない広告主も少なくないようです。

ネット広告代理店には説明や報告が求められている

だからこそネット広告代理店は、広告主の不安や不満を払拭するための説明や報告に力を入れる必要があるわけですが、なかには管理画面の数字をエクセルに張りつけて報告するだけのネット広告代理店もあるようです。

その結果、「ネット広告の出稿を広告代理店に頼んだのはいいけれど、具体的な成果がいまいち分からない」といった不満の声をよく耳にします。広告代理店と広告主の間で成果の捉え方が共有できていない、あるいは広告代理店の報告の仕方や言葉の使い方が適切ではないといった原因が一端になっているのでしょう。

特に地方の小規模企業者が都市部の広告代理店に依頼した場合、やり取りはメールや電話などが中心となります。その方がお互い効率的というメリットがある反面、広告主にとって広告代理店の行動が余計に見えなくなるというデメリットにもなりかねません。結果として、広告代理店に対する不信感が募っていくことになります。

地方にネット広告代理店を1社でも多く立ち上げることが必要

以上のように、ネット広告に関する三つの「分からない」に直面したり、ネット広告代理店との付き合い方に苦慮したりしている人たちをどうすれば助けられるのでしょうか？

その解決策こそ、本章で繰り返しお伝えしてきたように、地方にネット広告代理店を1社でも多く立ち上げることです。

さらにいえば、次章以降でお伝えしていく「コンサルティング型のネット広告代理店」を地方に普及させていくことでしょう。これが、ネット広告代理店を必要としている事業者の悩みを解決し、ネット広告の成果を享受してもらう上で大切なことになります。

そして同時に、それは起業や副業を目指している人、ビジネスの拡大を目指している事業者にとっての大きなビジネスチャンスでもあるのです。

CHAPTER

2

誰でも参入ができる ネット広告代理店

STEP 1 一人でも低リスクで開業し、成功できる可能性の高いネット広告代理店

ネット広告代理店は成功しやすい条件を満たしている

ネット広告代理店をはじめる意義とビジネスチャンスをお伝えしてきましたが、「本当にネット広告代理店をはじめることができるのか？」という疑問を持つ人は少なくないはずです。

そこで本章では、ネット広告代理店は初心者でも低リスクではじめられる点について具体的に見ていきたいと思います。

まず結論を申し上げると、ネット広告代理店は起業や副業、新規事業の立ち上げに成功しやすい条件を満たしているといっても過言ではありません。その理由を、スタートアップで成功しやすい条件としてよく挙げられる「小資本」「無在庫」「高利益率」「定期収入」という観点から見ていきましょう。

STEP 2 初期投資ほぼゼロで立ち上げ可能

新しいビジネスにトライする際は初期投資が少ない方が望ましい

起業や副業、あるいは企業の業績拡大などを目的に新規ビジネスにチャレンジしようとした場合、まず気がかりになるのは初期投資の有無だと思います。

たとえば脱サラして飲食店を個人開業する場合、業態や出店エリアなどによって異なりますが、一般には1,000万円前後の資金が必要となります。内訳としては物件の取得費用に加え、内外装工事や厨房施設・備品の購入に関する費用なども発生します。

その全額を自己資金で賄うことができればよいですが、個人の起業や副業の場合は大きな額を自力で貯えるのは簡単ではありません。

企業が新規事業を立ち上げるケースで見ても、全額キャッシュで賄うと流動資産が目減りし、財務基盤が脆弱になりかねません。借入を戦略的に活用した方が管理会計上、得策である場合も多いでしょう。

しかし個人であれ、企業であれ、借入を起こすと当然ながら返済負担が生じます。仮に事業が思うように進展しない場合は返済負担が足かせとなり、経営を圧迫するリスクを背負うことになります。

そのため新しいビジネスにトライする際は、可能であれば初期投資が少なかったり、スモールステップでスタートできたりする事業分野を見つけることが望ましいといえます。

ネット広告代理店なら在宅しながらパソコン一台ではじめられる

しかしながら初期投資が少なく、一歩を踏み出しやすい事業分野はそれだけ参入障壁が低いことを意味します。すでに競合が多く、価格勝負に陥っている可能性もありますし、市場の成長余力がどの程度あるのかという根本の問題もあります。
その点、ネット広告代理店は成長市場であるだけでなく、地方に限っては競合も少なく、マーケットとしての魅力が高いのはここまで見てきた通りです。
そのうえ、ネット広告代理店は初期投資が少ない小資本で開業できるメリットがあります。ネット広告代理店をはじめるために必要なのは、後ほど説明するようにインターネットがつながる環境とエクセルのみ。それ以外に高額の設備などが必要になるわけではありません。在宅しながらパソコン一台で事業をはじめる。そんなことも十分可能なのがネット広告代理店なのです。
同時に初期投資がほぼ必要ないということは、撤退コストもほとんどかからないことを意味しています。はじめるだけでなく、やめるのも低リスクということです。

STEP 3

在庫を持たない

在庫ビジネスは財務体質を悪化させるリスクがある

さらにランニングコストが小さい点も、ネット広告代理店の大きなメリットでしょう。

飲食店であれば家賃や水道光熱費といった店舗の維持管理コストに加え、仕入と在庫という財務上の負担が生じます。特に在庫は飲食店に限らず、小売業や卸売業、製造業などモノを販売したり生産したりする業種全般に該当する、経営上の最大の課題といっても過言ではありません。在庫はあらゆる面で経営を難しくします。

第一に、在庫を抱えるためには当然ながら仕入代金が必要になります。その後、売れるまで在庫は倉庫などに保管されます。つまり会社継続のために不可欠なキャッシュが倉庫に寝てしまうのです。

第二に、在庫を購入する際の代金は多くの場合、先に支払うことになります。一方、その支払った代金を回収できるのは、実際に売上が立ち、さらに回収が完了したタイミングです。資本力の小さな個人や副業、法人であっても小規模の企業にとっては、常に現金が先に出ていく状況は財務体質を脆弱にするリスクがあります。

第三に、在庫が売れなければ仕入の代金を回収できません。安売りすれば利益率が低下しますし、売れるまで粘って保管すればデッドストック（売れない死に在庫）になってしまうリスクもあります。倉庫に保管した現金が文字通り紙屑になってしまうのです。場合によっては「勘定合って銭足らず」、つまり売上は立っても現金の回収が追いつかず、キャッシュが不足して黒字倒産の危機に晒されてしまう危険性もゼロではありません。

最後に、デッドストック化した在庫は財務上、特別損失計上しない限り、資産として残り続けます。すると総資本が企業の実態以上に膨張し、経営効率が悪くなります。つまり効率よく稼げない、肥満体系の企業になってしまうのです。

以上をまとめると、在庫ビジネスは総じて資金繰りが難しく、財務体質を悪化させるリスクがあるのが分かります。

在庫管理の不備でビジネスが立ち行かなくなる可能性もある

加えて在庫ビジネスには「管理」という別の問題もあります。そのため、注文や返品などの顧客対応はもとより、商品の入荷から保管、荷役、出荷に至る倉庫管理全体の高度なノウハウが求められます。

専門業者にアウトソーシングする手もありますが、その場合は倉庫業者の能力を厳しく見極めなければなりません。場合によっては倉庫業者が誤出荷や発送遅延などを繰り返し、エンドユーザーからの信頼を失ってしまうリスクすらあります。

倉庫管理くらい誰でもできると考えてしまいがちですが、実は非常に難しく、在庫管理の不備によってビジネスそのものが立ち行かなくなる可能性もあるのです。

ネット広告には在庫という概念自体がない

このように在庫を抱える難しさはいろいろありますが、一方のネット広告はデジタルデータなので在庫という概念自体がありません。

たとえば入札制のリスティング広告は、設定した単価に応じて広告が表示されるシンプルな仕組みです。モノの在庫のように売れ残る心配もなければ、デッドストック化するデメリットもありません。広告出稿を途中で取りやめた場合、広告費の残りの金額を翌月以降に引き継ぐこともできれば、手元に回収することも可能です。

ネット広告代理店は個人と法人にかかわらず、財務リスクや在庫管理の手間の非常に小さなビジネスといえるのです。

STEP 4 資金繰りが楽

出稿予算をもとにネット広告を運用代行する、身軽で手堅いビジネス

次の利益率の話に進む前に、財務的なメリットについてもう少し述べさせてください。

ネット広告には在庫という概念が確かに存在しない一方で、出稿するためには広告費を「預り金」として媒体側に前払いする必要があります。先に支払わないといけない点はデメリットといえなくもないです。

ただし、預り金を広告主に負担（詳しくは後述）してもらうことができれば、この問題は解決できます。広告代理店にとっては、広告主が支払った出稿予算をもとにネット広告を運用代行する、身軽で手堅いビジネスといえるでしょう。

しかも新聞や雑誌などの従来の紙媒体のように「広告枠を買い付ける」という仕組みそのものがネット広告にはなじみません。たとえばリスティング広告のワンクリック単価を100円に設定した場合、実際にクリックされる金額は100円以下。つまり100円を上限として、それより低い金額（80円や70円など）でクリックされていきます。

その結果、仮に預り金（＝広告費）が10万円だったのに、計7万円で目標の成果に達した場合、残りの3万円は次月に繰り越したり、手元に引き上げたりといった柔軟な予算管理が可能です。

「広告予算の変動化」が広告主のメリット

このことを広告主側の視点で見た場合、広告費という費用計上の概念が変わることを意味します。

従来の紙媒体の場合、広告費は固定費の扱いでした。仮に新聞広告の枠を購入するのに100万円かかる場合、その金額は固定で変わらないためです。

それに対してネット広告は基本的にはクリックされた場合のみ課金される仕組みなので、広告費は固定費ではなく変動費の扱いになります。広告主にとっては、広告費という予算を自在にコントロールできるメリットがあるわけです。

「資金繰りの良化」が広告代理店のメリット

一方、広告代理店側にとってのメリットはキャッシュフローと関係します。

たとえば広告費を広告代理店経由で媒体側に支払う契約の場合、いったん広告主から広告代理店に預り金が振り込まれます。その預り金を広告代理店がクレジットカードを利用して媒体側に支払えば、広告代理店は実質1ヶ月、預り金を自社にプールできるのです。つまり広告代理店にとっては常に潤沢なキャッシュを貯えながら運用代行のビジネスを行えるわけです。

加えて隠れたメリットとして、クレジットカードのポイントまで得られます。あるネット広告代理店では年間に億単位の預り金の支払いが発生することから、クレジットカードの利用で年間数百万円単位のポイントが加算されていくとのことでした。

このように資金的な負担を抑え、資金繰りを楽に回しながらビジネスを展開できるのがネット広告代理店事業の特徴といえるでしょう。

STEP 5 高い利益率を狙える

広告主の出稿予算をテコに、自社の規模を大きく見せることができる

さらに事業規模や利益率を意図してコントロールできる経営上のメリットもあります。どういうことでしょうか？

先ほどの話の続きになりますが、まず預り金を広告代理店経由で支払う契約にした場合、広告代理店は企業規模を拡大できるメリットがあります。広告主から振り込まれた預り金を会計上、売上として計上できるからです。いってみれば、広告主の出稿予算をテコに使い、自社の規模を大きく見せることができるのです。

そうすると、金融機関から融資を引き出しやすくなるでしょう。たとえば金融機関に対して「これだけの出稿予算の広告を扱うので運転資金が必要です」と資金使途を説明すれば、借入の実現につなげやすくなるはずです。

図表2-1 広告代理店経由で支払う契約でのお金の流れ

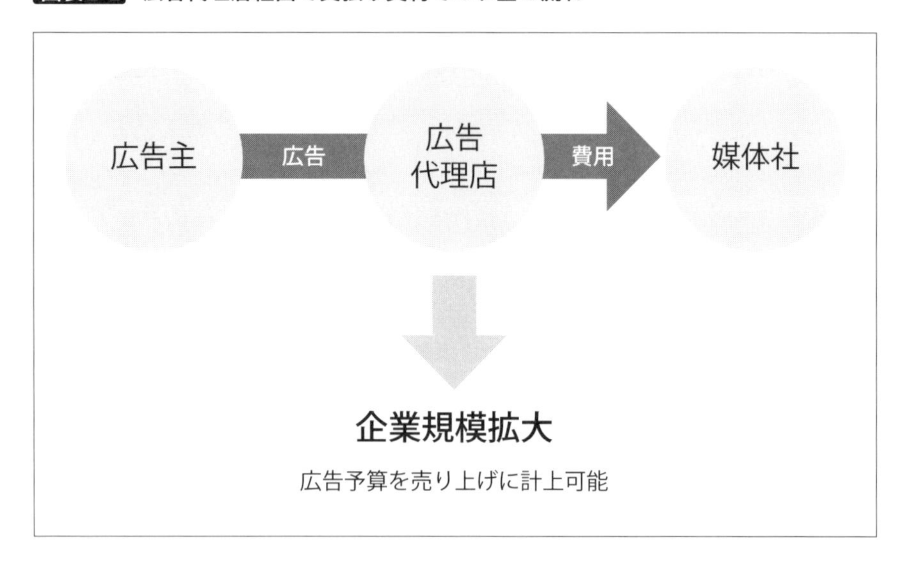

利益率を70〜80%程度にまで引き上げることも可能

一方、借入は繰り返すようにリスクを伴いますし、広告主から大きな額の預り金を受け取れば、広告代理店として相応の責任を負うことになります。

そうしたリスクや責任を回避して事業を回したい場合、預り金を広告主から媒体側に直接支払ってもらう契約も可能です。その上でネット広告の運用費のみを広告主から受け取るようにするのです。

すると預り金を自社の売上として計上できなくなるため、見かけ上の事業規模は大きくなりません。反対に、運用費はコンサルティング費用のような扱いになるため、原価がほぼかからず、利益率を高めることができるのです。

たとえば一人でネット広告代理店を運営する場合、そもそも売上や仕入の原価は必要ない上、各種の費用負担も少なくて済むため、利益率を70〜80%程度にまで引き上げることも十分可能です。会社を大きくするのではなく、潰れない会社を築くことができるわけです。

図表2-2 広告主から媒体側に直接支払う契約でのお金の流れ

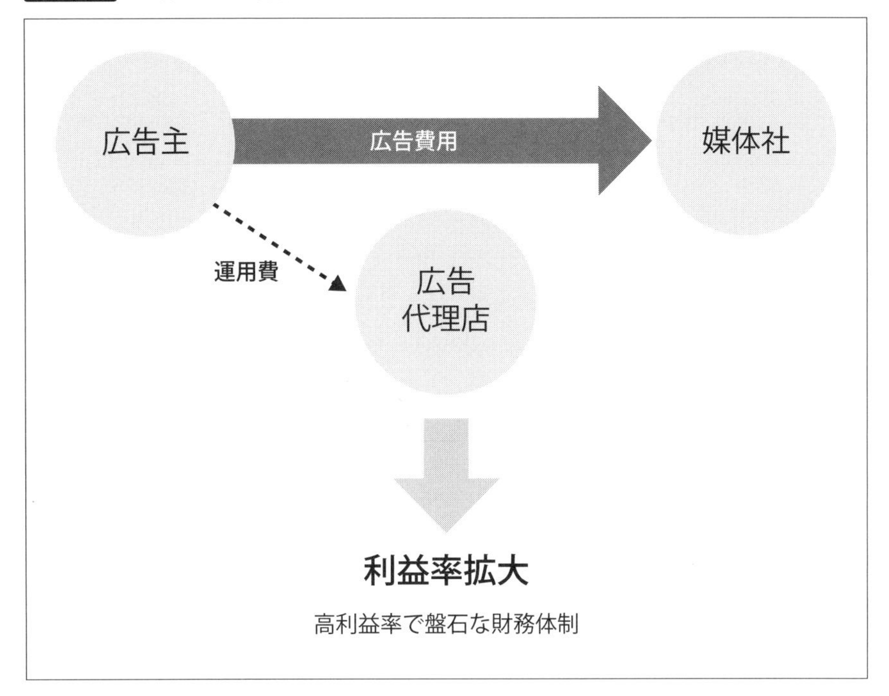

このように、それぞれ広告代理店の経営に対する考えを軸に、規模を追求するなら広告費を自社の売上に計上し、利益率を重視するなら運用費のみを受け取ることを選択できる点は強みです。

STEP 6 契約期間中、定期的な収入が得られる

最低でも3ヶ月～半年程度は安定収入が見込める

立ち上げた会社や事業の継続には、収入の安定化が不可欠です。その点、ネット広告は一度出稿をはじめれば、契約期間中は掲載が継続するストック型のビジネスなので、定期的な収入が期待できます。私の会社の場合、3年や4年の長期で取引を継続させていただいているお客様もあります。

さらに、ネット広告は短期で出稿するケースはそもそも多くありません。クリスマスやバレンタインなどの特定シーズンを除き、最低でも3ヶ月～半年程度は様子見も含めて広告出稿を継続するケースが大半です。その契約期間中は定期収入が入るため、売上の数字が読みやすくなるのです。

ただし契約の長期化は諸刃の剣で、取引をする顧客の属性によってはリスク要因になる可能性をはらんでいます。契約に関する詳細は第7章を参考にしてください。

STEP 7 他のビジネスへの広がりがある

ホームページ作成や他媒体の広告制作、事業開発まで発展することも可能

以上に加え、「他のビジネスへの広がり」というメリットもあります。ネット広告という入口をきっかけにビジネスが派生的に広がる可能性があるからです。

広告主がネット広告を掲載する主な目的は、自社のホームページにお客様を呼び込むことです。しかしこれまでの経験上、ネット広告の受け皿である自社ホームページがきちんと整備されていないケースが少なくありません。

よくあるのは、デザイン中心のホームページです。見た目はかっこいいのですが、広告を見て訪れたユーザー目線で購買意欲を喚起されたり、購入までの動線が分かりやすかったりする構成とはいいがたいのです。

そこでホームページ改善の仕事に派生したり、ネット広告に特化したランディングページの作成を提案して採用されたりといった新しい展開にビジネスを動かしていくことも可能です。

これは一例で、その他、ネット広告の反応や成果をもとに他の媒体の広告制作に発展したり、事業開発の提案にまで踏み込んだりできるケースもあります。経営に関する幅広い知識が必要にはなりますが、経営コンサルタントのような立場でクライアントと長期的なお付き合いができるチャンスも期待できるのです。

STEP 8

ネット広告代理店のデメリットは三つ

預り金を前払いする必要がある

ここまでメリットばかり述べてきましたが、当然ながらデメリットも存在します。三つに絞ってお伝えしていきましょう。

一つ目は、すでに触れたように広告費を預り金の名目で前払いする必要がある点です。

これについては、契約上、広告主に広告費を前払いしてもらい、それを預り金として媒体側に支払うことで広告掲載の運用を介する契約にすれば問題はありません。

しかしながら、広告主に予算の立て替えを依頼できない場合、広告代理店が媒体側に広告費を前払いで支払う必要が出てきます。その場合、広告主に代わって立て替えた広告費の回収倒れが発生するリスクがありますから、広告代理店が先払いする方法はできる限り避けた方がよいでしょう。

代行業務以外の仕事を依頼される可能性がある

二つ目は、代行業務以外の仕事を依頼される可能性がある点です。

前項で他の仕事に広がる利点をお伝えしましたが、代行業務以外の仕事を引き受けた際のマネタイズ（収益化）の方法をしっかり考えておかなければ、仕事が増えるだけでお金にならないという泥沼にはまり込んでしまうリスクがあります。

繰り返すように、広告主とのお付き合いが長くなるとよい意味で信頼され、ネット広告以外の相談もされるようになるはずです。たとえば自社のホームページに集客はできたけれど、「購買などの成果につながらない」「新規顧客がリピーターに育たない」といった相談は必ずあるはずです。

その際に親身に話を聞くのは大事ですが、広告主への思いが過剰サービスへとつながるのは危険です。手数料収入だけであれもこれもと手がけはじめると、収拾がつかなくなっていきます。

代行業務以外の仕事を引き受ける際は見積書を提出し、広告主の理解を得た上で「仕事」として取り組む仕組みづくりが求められます。

ネット広告に詳しくないお客様が多い

最後の三つ目は、ネット広告に詳しくないお客様が多い点です。

広告代理店側の担当者はネット広告に詳しいので、つい専門用語を使いながら広告主に説明してしまいがちになります。しかし広告主の立場になると、「ネット広告が分からないから広告代理店に依頼しているのに、専門用語を多用されると理解がさらにできなくなる」といった不満につながりかねません。

場合によっては「ネット広告が分からないのをいいことに、あえて難しいことをいって騙そうとしているのではないか」「成果が出ていない理由をうやむやにするために、あえて難しく説明しているのではないか」といった不信感にまで発展してしまう可能性もあります。

広告代理店側の立場になると、「自分は正直に説明しているつもり」と思っていることでしょう。しかし相手に正しく伝わらないことで、自身や自社の価値や評価を下げてしまうことがあるのです。

広告主に説明する際は専門用語の使用は極力避け、平易な言葉で分かりやすく伝える努力をしましょう。この入口の説明をクリアすれば、需要が大きい市場だけに、お客様を一気に拡大できる商機があります。それだけのビジネスチャンスが眠っているのがネット広告市場なのです。

STEP 9 ネット広告代理店は初心者でもできる環境がある

開業後に高い技術が求められるなら、事業継続は難しいが……

ここまでの内容で、ネット広告代理店はビジネスとしての初動のリスクは小さいことは分かりました。

しかしながら、たとえば広告媒体と広告代理店契約を結ぶのが難しかったり、開業後の運営面で高い技術が求められたりする場合、事業を継続していくのは簡単ではないことになってしまいます。

そこで以降、ネット広告代理店事業を行う際の環境についてみていきたいと思います。

誰でも広告媒体とすぐ契約できる

ネット広告は大別すると「運用型広告」「純広告（予約型広告）」「成果報酬型広告」の3種類があります。

・運用型広告

予算や入札価格、広告内容といった要素を自由に調整（＝運用）しながら掲載できる広告を指します。リスティング広告やディスプレイ広告などが該当します。

この運用型広告の場合、基本的には媒体側とすぐ契約が可能です。法人個人を問わず、媒体側のガイドラインに違反する内容でなければ即出稿が可能なので、ネット広告初心者でも手軽にはじめられるでしょう。

・純広告（予約型広告）

広告費や掲載期間、掲載内容があらかじめ決められている広告を指します。Yahoo! JAPANを例に挙げると、トップページの右上に掲載されている広告枠が該当します。広告枠を買い取るマス媒体の手法をWebの世界に転用した仕組みで、たとえば1週間の掲載枠を100万円で購入するといった形で契約を行います。

この純広告を利用するためには、基本的には媒体の正規広告代理店にならなければなりません。その意味で、運用型広告よりも利用するためのハードルは高くなると思ってください。

・成果報酬型広告

その名の通り、あらかじめ設定した成果（コンバージョン）を達成した際に課金される仕組みで、アフィリエイト広告などで利用されます。アフィリエイト広告とは、自らのWebサイトやブログ上で商材を紹介し、その記事と連動させる形で広告を掲載するマーケティング手法です。

運用型広告と同様に成果報酬型広告も基本的には誰でも契約が可能ですが、記事とセットで広告を出す必要があることなども踏まえ、純粋な広告とは区別して考えた方がいいかもしません。

以上の3種類のネット広告のうち、ネット広告代理店が実質的にメインで取り扱っているのは運用型広告となります。

次の図をご覧ください。これはD2C、サイバー・コミュニケーションズ、電通、電通デジタルの4社が共同で発表した「2019年 日本の広告費 インターネット広告媒体費 詳細分析」に出ていたグラフです。ネット広告の媒体費用を取引手法別にまとめたもので、運用型広告が全体の79.8%を占めているのが分かります。

つまり合計三つの取引手法があるなか、誰でもすぐ契約できる運用型広告のみを扱うだけで、成長を続けるネット広告市場の恩恵を享受しながら広告代理店事業を展開できるわけです。

図表2-3 インターネット広告媒体費の取引手法別構成比

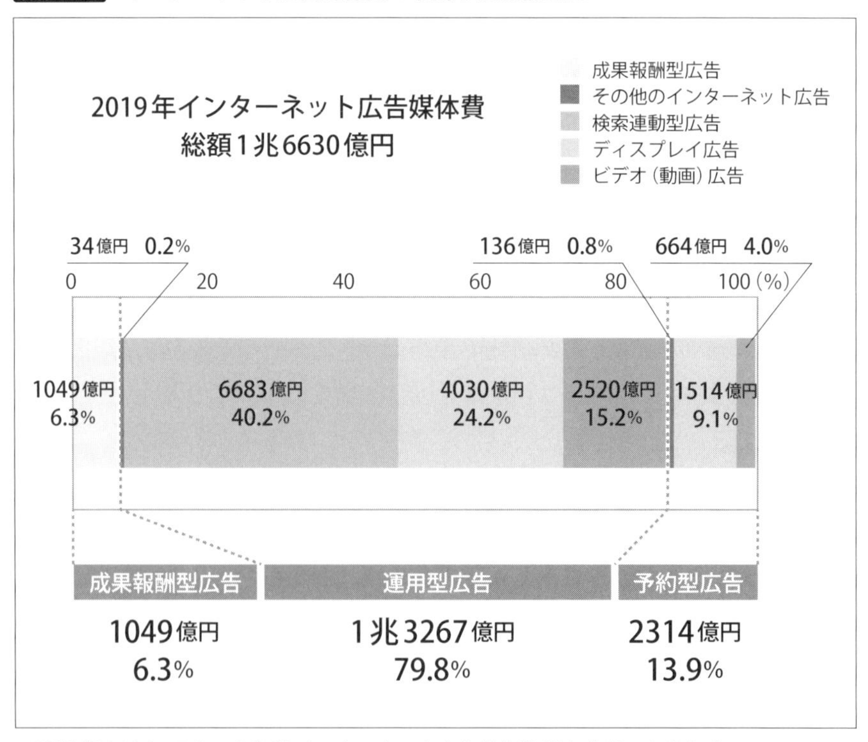

※電通「2019年 日本の広告費 インターネット広告媒体費 詳細分析」より作成

運用型広告媒体には最低出稿金額がない

運用型広告は初心者でも手軽にはじめられるだけでなく、最低出稿金額がないため、少額で出稿できる点もメリットでしょう。

たとえばリスティング広告を例に挙げると、Google広告の場合、支払い設定の登録を済ませれば、広告審査を通過してすぐに広告掲載を開始することができます。掲載後、発生した金額に対して支払いをするだけです。そのため、1ヶ月の広告予算が5万円であれば、5万円が広告費として発生した段階で広告掲載を止めれば、5万円以上はかかりません。

このように少ない予算でスタートし、高い成果を期待できるのがリスティング広告のよさといえるでしょう。

しかも資金面でいえば、繰り返すように出稿費用を広告主に立て替えてもらう契約も可能です。広告代理店としては広告主から運用費をもらいながら代行業務に取り組めますから、資金負担を抑えながらネット広告代理店事業をはじめることができるのです。

エクセルとインターネット環境があればよい

また、特別な設備も必要ありません。

ネット広告の管理と運用は、基本的にはパソコンで行います。そのためパソコンに加え、インターネットに接続できる環境があれば事業基盤が整うことになります。日本のインターネット利用率は8割（個人／平成30年度情報通信白書）を超えていますから、多くの人にとってはすでにネット広告代理店を開業するための環境は整っていると見て差し支えありません。

ただし細かくいえば、端末別のインターネット利用率は「パソコン」が5割強となっています。半数程度の人はパソコンを所持していないということになりますから、手元にない場合は購入する必要があります。もっとも、現在のパソコンなら、10万円を切る廉価版でも機能的には十分です。あるいは中古機種にも目を向ければ、数年の型落ち商品でも高性能タイプを手に入れることは可能です。

加えてもう一点、広告主に報告するためのレポートを作成するためにエクセルを使えるのが望ましいといえます。ネット広告媒体の管理画面から実績データをCSV形式ではき出し、エクセルにインポートして加工したり、確認したりする作業が発生するからです。

これについては、マイクロソフトのオフィス365を契約すれば、月額1000円程度でエクセルを含めたオフィスアプリケーションを利用できます。この程度の額であれば、運用代行手数料や運用費で十分にペイできるランニングコストといえるでしょう。

自動最適化機能を使ってプロ並みの成果を出すことも可能

さらに、広告の運用についても、ハードルは非常に低くなっています。

リスティング広告の代表的な媒体であるGoogle広告では、20年ほど前から「広告運用の自動最適化ツール」を提供しています。これは広告掲載の改善をGoogleのシステムが自動で行ってくれるというものです。うまく活用すれば作業時間を大幅に短縮できるとともに、初心者でもプロ並みの成果を出すことが可能です。実際、私自身も自動最適化ツールを活用し、広告運用を効率化してきました。

ただし自動最適化ツールには難点があります。設定の自由度が高いがゆえに、どのような目標に対して、具体的なルールを適用すべきかが分かりにくい点です。したがって初心者が自動最適化ツールを使っても、期待するような精度で運用できない可能性が高いのが実情です。

自動最適化ツールを使いこなす最大のポイントは、「目的を明確化し、いかに初期設定を正しく行うか」です。技術的な細かな説明は割愛しますが、たとえば「キーワードを適切に設定する」「そのビジネスに応じた適切な広告文を作成する」といったポイントを初期の段階でうまく押さえていくことで、自動最適化ツールの背後で動くGoogleのシステムが機械学習を正しく機能させられるようになります。機械学習が適切に機能すると、蓄積される情報が有用な経験値となり、広告運用を続けるほど精度が高まっていきます。

このように目的を明確化し、初期設定の仕方をマスターした上で自動最適化ツールを活用すれば、初心者でもネット広告を高い精度で効率よく運用できるようになっていきます。

CHAPTER

3

ネット広告代理店の仕組み

STEP 1 広告代理店のビジネスモデルとは？

広告主と媒体社をマッチングし手数料などを受け取る収益モデル

本章では、ネット広告代理店のビジネスの仕組みについて、より具体的に見ていきたいと思います。

まずは、広告代理店のビジネスモデルについて説明しましょう。

広告代理店のビジネスモデルは「広告を出したい広告主」と、「広告枠を提供する代わりに掲載料を獲得したい媒体社」を結びつけることです。このビジネスモデル自体は、従来からのマスメディア主体の広告代理店と、インターネット主体のネット広告代理店の双方で違いはありません。

「広告主」は自社の商品やサービスを顧客に提供し、売上を上げることで事業を展開しています。販売を促進するためには、自社の商品やサービスを多くの人に知ってもらわなければなりません。そこで必要となるのが広告を掲載できるメディアです。

一方のテレビ局や出版社、各種Webサイトの運営会社といった「媒体社」は、一般消費者に利用してもらうために番組や記事、Webサイトやアプリケーションを制作・開発しなければなりません。そこで媒体社は掲載料を徴収し、その広告収入を原資にして良質なサービスをつくりあげているのです。

この広告主と媒体社の両者をマッチングし、その見返りとして手数料（マージン）などを受け取るのが広告代理店の基本的な収益モデルです。

STEP
2 扱う広告媒体とは？

ネット広告代理店が扱うのはネット広告全般

取り扱うメディアはマス広告とネット広告で異なっています。

マスメディア主体の広告代理店が扱うのは、いわゆる広告の4大マスメディアといわれるテレビ、ラジオ、新聞、雑誌をはじめ、交通広告、野外広告など多岐にわたります。電通、博報堂、ADK（アサツー・ディー・ケイ）の大手3社が有名ですが、それ以外にも推計で9,000社程度の広告代理店が存在するのは、第1章で取り上げた通りです。

マスメディア主体の広告代理店もネット広告を扱うケースはありますが、ここでは便宜上、分けて考えたいと思います。

一方、インターネット主体のネット広告代理店が扱うのは、いうまでもなくネット広告全般となります。ネット広告の具体的な種類は後ほど詳述します。

STEP 3

広告の販売の仕方とは？

マスメディア主体の広告代理店は「広告枠」と「クリエイティブ」を販売する

この点がマス広告とネット広告の最大の違いといえます。

まずマスメディア主体の広告代理店は「広告枠」と「クリエイティブ」という二つを軸に広告メディアを販売しています。

・広告枠

たとえば広告主がテレビCMや新聞広告を出したいと思っても、広告主自身が媒体社と直接取引をすることはできません。広告代理店がテレビ局や出版社などの媒体社と交渉し、広告枠を買い付けた上、広告主に販売する商習慣があるからです。

広告代理店は、いわば広告枠の卸問屋といったイメージでしょうか。そのため、いかに訴求効果の高い広告枠を買い付ける能力があるかどうかが、広告代理店の価値を左右することになります。

そして広告代理店は広告枠を買い付ける対価として、広告主から手数料（マージン）を受け取ります。マス媒体の手数料は一般に20％程度といわれています。

・クリエイティブ

「クリエイティブ」とは、広告物を制作して販売することです。

広告代理店ではコピーライターやデザイナーが広告主にヒアリングをかけ、広告枠に掲載するためのテレビCMや新聞、雑誌広告の企画・制作を行っています。広告代理店は広告主に制作物を納品し、代わりに制作料を受け取ることになります。

このように、マスメディア主体の広告代理店は広告枠自体の販売に加え、その枠に掲載するための広告物もセットで制作するケースが多い点も特徴です。

ネット広告代理店には広告枠の販売という考え方がない

一方、インターネット主体のネット広告代理店の場合、そもそも広告枠の販売という考え方がありません。前章でお伝えしたように、広告市場の大部分を占める運用型広告は広告主自身がネット媒体と直接契約できるからです。

例外は、媒体社の正規広告代理店になる必要がある純広告（予約型広告）です。純広告に限っていえば、枠を買い付ける力がネット広告代理店の価値になるのは確かでしょう。純広告を販売した際に広告代理店が受け取る手数料は、一般に15%といわれています。

ただし、純広告はネット広告市場全体の約14%に過ぎません。この純広告の買い付け力を強みにするだけでは、ネット広告代理店として事業を維持・拡大していくのは難しいといえます。

ネット広告の掲載と運用を代行する見返りとして手数料を受け取る

ではネット広告を誰でも出せるのであれば、ネット広告代理店はそもそも必要ないということでしょうか？

もちろん、そんなことはありません。ネット広告で成果を出すためには「運用」と呼ばれるノウハウが大事だからです。この「運用」のノウハウを駆使して広告主をサポートすることで、ネット広告代理店としての存在価値を高めることが可能です。

以上のことから、ネット広告代理店の収益モデルは枠自体を販売する対価ではなく、ネット広告の掲載と運用を代行する見返りとして、広告主から「手数料」、あるいは「運用費」を受け取る仕組みであるといえます。

STEP 4 ネット広告で欠かせない「運用」という考え方

マス広告は出しっぱなし

4大マスメディアに代表される従来の広告媒体には「運用」の考え方はありませんでした。広告枠を買い付け、広告物を納品した時点で、広告代理店としてできることの大半は終了しているからです。

広告の掲載後、どのような反響があるかどうかは、まさに祈るのみです。問い合わせの増加や販売促進といった反応がなかったとしても、広告主は何もできません。

出稿後の反響をもとに広告の内容を改善する場合、広告主は改めて枠を買い直し、制作物をつくり変えなければなりません。

ですがここが最大の難点ですが、広告をつくり直したからといって、それが成果として表れるかどうかは、やはり祈って見守るしかないのです。

理由は、広告出稿という「入口」と、掲載後の反響という「出口」の間がブラックボックスになっているためです。

図表3-1 従来型のマス広告

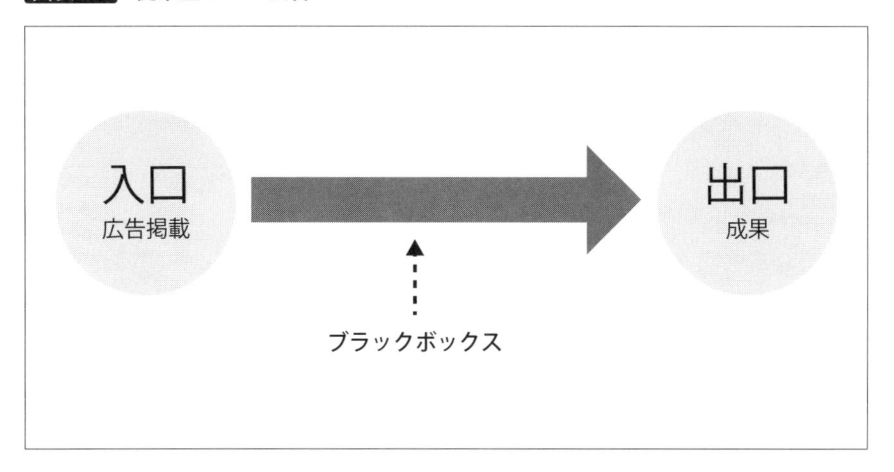

たとえば100万部発行の新聞全国紙に100万円で広告を出し、5件の問い合わせがあったとしましょう。この場合、1件あたりの問い合わせ獲得単価は100万円÷5件＝20万円ということになります。

しかし当初の目標は、「10件の問い合わせ獲得」だったとしましょう。その場合、「なぜ問い合わせが5件に留まったのか」「その反応のあった5件の人は広告の何を見て心が動いたのか」あるいは「問い合わせをしなかった人は何に興味を示さなかったのか」などと効果の検証をしようとしても、入口と出口の間のデータがないので「なぜ」が見えないのです。

このように成果に対する根拠が乏しいため、広告内容を改善するとしてもクリエイターの力量や経験に頼るしかありません。結局、軌道修正後の広告を再掲載したとしても、結果はふたを開けてみなければ分からないわけです。

マス広告は掲載後の反響をコントロールできない。つまり、広告を出しっぱなしにするしかないのです。

ネット広告はデータに基づいて広告を細かく改善できる

一方のネット広告の場合、「その広告がどの媒体で何回表示され、何度クリックされたのか」「具体的には自社サイトのどのページに、どういう検索キーワードを使って何人流入し、どのページをたどりながら合計どの程度の時間滞在し、そのなかの何人が最終的なコンバージョン（成果）に至ったのか」など、すべての道筋がデータで可視化されています。

さらに広告をクリックして自社サイトに来た人の年齢や性別、職業、趣味、アクセスされた地域、日時や曜日、デバイス（PC、スマホなど）といった属性が分かるケースもあります。

つまり従来の広告ではブラックボックスだった入口と出口の間が「見える化」されているのがネット広告なのです。

図表3-2 ネット広告

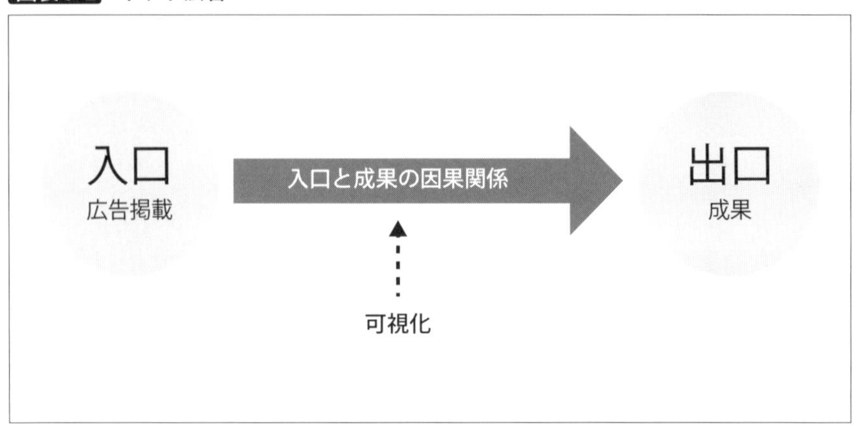

入口から出口に至るまでのプロセスが明らかになることで、データという定量的な根拠に基づいて出稿中の広告の中身や管理の設定を細かく改善できます。

たとえばA、B、Cの3タイプの広告文を同時出稿し、Aタイプの広告の反応がよければA広告がより露出されるように設定することも可能です。反応のよい広告文も一目瞭然ですし、反響の少ない広告の掲載を取りやめたり、反応のよい表現を取り入れて改善したりすることも可能です。

入口と出口の間が可視化されることで、ネット広告の内容、予算、期間を自由にコントロールできるようになるのです。この柔軟なコントロールこそ、ネット広告に欠かせない「運用」という考え方そのものです。

運用ノウハウが未熟なネット広告代理店は淘汰される

運用型広告の世界では、運用を開始する時の広告掲載内容を作成することを「設計」と呼ぶこともあります。この運用（設計）のノウハウを積み重ねることで、成果自体をコントロールすることも可能です。たとえば注文が入り過ぎて商品の生産が追いつかない場合、生産力に見合った注文数になるように調整することも可能です。運用のスキルを駆使することで、広告主の求める最大値まで成果を高められるわけです。

もちろん、ネット広告でも画像や映像などのクリエイティブは重要な要素です。広告物の制作をネット広告代理店が請け負い、制作費を受け取ることもありますが、あくまで運用で成果を出すための手段としてクリエイティブをとらえる考え方に変わりはありません。

このようにネット広告の世界では枠やクリエイティブ以上に「運用」が大事です。枠を取り扱う意識だけのネット広告代理店、単に掲載代行をするだけで運用ノウハウが未熟なネット広告代理店はすでに淘汰がはじまっているのが実情です。

STEP

5 ネット広告業界の主要プレーヤー

「広告主」「媒体社」「ネット広告代理店」「メディアレップ」の4者

次にネット広告業界の主要プレーヤーの全体像を見ていきましょう。

まずはここまでのおさらいになりますが、主要なプレーヤーは「広告主」と「媒体社」、その両者をつなぐ「ネット広告代理店」の3者となります。

それに加え、特定のネット広告枠の仕入・販売を行う「メディアレップ」と呼ばれるプレーヤーも存在します。媒体社が所有している複数の広告枠を管理し、広告主や広告代理店に販売しているのです。前述の純広告も、このメディアレップが管理する広告枠の一つです。

図表3-3　ネット広告業界の主要プレーヤー

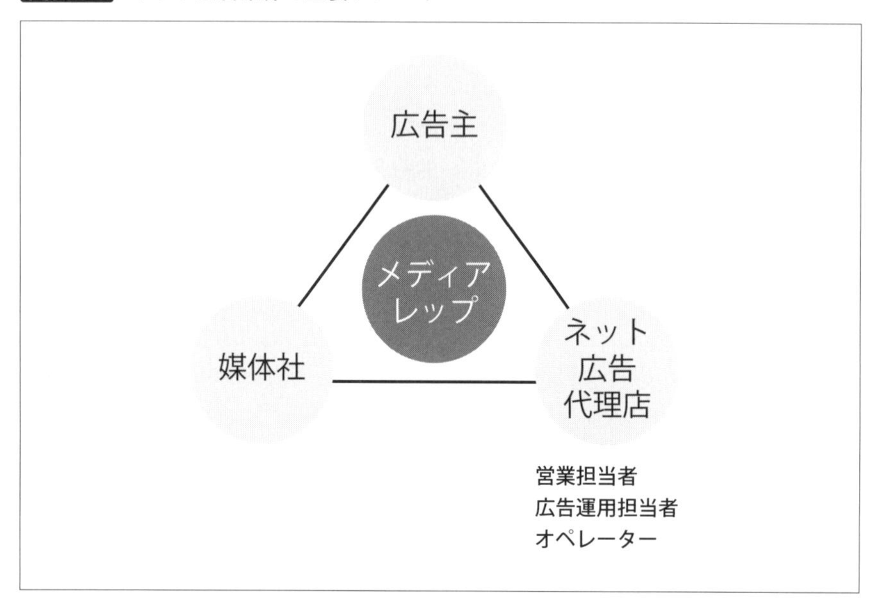

さらにネット広告代理店のなかには、営業担当者、広告運用担当者、オペレーターなどのプレーヤーが存在します。運用担当者はクライアントにアドバイスするコンサルタントのイメージで、オペレーターは運用担当者の指導のもとに広告管理の実務を担当する人といった位置づけです。

一人起業や副業でネット広告代理店を立ち上げる場合には、営業と運用とオペレーターの3役を兼任するイメージです。そう考えると大変そうに思えますが、ネット広告代理店の業務はすべて自社でする必要はありません。他社と提携することで、顧客対応などを行わずにネット広告代理店を行うことも可能です。

ネット広告代理店には三つのタイプがある

他社と提携も含めると、ネット広告代理店には三つのタイプがあります。

①紹介型ネット広告代理店

ネット広告を掲載したい広告主を、提携先の広告代理店に紹介することで、収益を得るタイプです。営業や顧客対応、広告運用、資金回収などすべての業務は提携先のネット広告代理店が行ってくれるので、紹介だけすれば、何もしなくていいのが特徴です。そのため、副業で個人が紹介を行うことも可能です。

紹介型の場合、紹介先の広告主が契約を継続する限り、手数料の一部が紹介先のネット広告代理店から毎月、支払われます。あるいは、紹介料として1ヶ月分の手数料が支払われるケースもあります。

②販売型ネット広告代理店

営業や顧客対応、資金回収は自社で行い、広告運用の実務だけ提携先の広告代理店に依頼をすることで収益を得るタイプです。既存顧客へ追加提案を行いたい企業が販売型広告代理店になることが多いです。

提携先が広告運用を行ってくれるとしても、営業や顧客対応を自分で行う必要があるため、ある程度、ネット広告の知識を持っておかなければなりません。

③独立型ネット広告代理店

自社ですべての業務を行うタイプです。そのため、手数料なども自由に設定することが可能です。広告運用のノウハウも自社で貯めることができます。

ネット広告代理店の多くが、独立型ネット広告代理店として活動をしています。

図表3-4　3タイプのネット広告代理店

対応項目	紹介型ネット広告代理店	販売型ネット広告代理店	独立型ネット広告代理店
営業	提携先が対応	自社が対応	自社が対応
広告運用	提携先が対応	提携先が対応	自社が対応
レポート作成	提携先が対応	提携先が対応	自社が対応
顧客対応	提携先が対応	自社が対応	自社が対応
顧客との契約	提携先が対応	自社が対応	自社が対応
資金回収	提携先が対応	自社が対応	自社が対応
手数料	提携先が決定	提携先の原価に乗せる 料金は自社が決定	自社が決定
契約	個人・法人	法人のみ	—

STEP 6 ネット広告代理店の業務の流れ

PDCAサイクルを回しながら、よりよい広告成果を狙い続けていく

ネット広告代理店を立ち上げた際の業務の流れについてもみていきましょう。

①顧客獲得・契約・広告アカウント開設

まずお客様を獲得して契約を締結後、Yahoo!やGoogle、Facebookなど各媒体社の広告アカウントを開設します。アカウントを開くのは簡単で、基本的にはビジネス用のメールアドレスを持っていれば問題ありません。

アカウントを開設すれば、入金設定をして掲載内容を入稿し、各種の設定を行うことで広告を出稿できる状態となります。

②アカウント設計

アカウント設計とは、お客様のニーズをヒアリングした上でどのような広告を出せばいいのかを企画し、具体的な出稿の内容や予算、期間などを考える作業を指します。広告を適切に運用するための初期設定（＝設計）に該当します。この初期設定がうまくいくと、広告を運用することによる成果を出しやすくなります。

③クライアント確認・入金

アカウントの設計後、その内容、つまりどのような広告をどのような条件で出すのかをお客様に確認してもらい、実際に入金することになります。

入金に関しては、すでにお伝えしたように「広告代理店が立て替える」「お客様に先に支払っていただく」という二つのケースがあります。ネット広告代理店事業をはじめて間もない時期は資金が潤沢にないはずですから、

キャッシュショートなどの財務リスクを極力排除する意味でも、お客様に先に支払っていただく契約にするのが望ましいです。

④入稿・配信

以上の準備をすべて整えて、ようやく入稿となります。入稿後は媒体社による審査を受け、無事通過すれば広告の配信が開始されます。

⑤分析・報告・改善

配信がはじまると、運用に移行します。どのような広告を出し、どのような反応があったのか。つまり入口と出口の間が管理画面というツールで可視化され、様々な数値をリアルタイムに確認できます。広告代理店としては、広告の運用状況を把握・分析しながら必要に応じて調整を加えるとともに、お客様に報告するためのレポートを定期的に作成します。

そのレポートに基づいて、次月はどういう施策を行うのか、たとえば広告文を変えてみるのか、受け皿となるホームページの内容を改善してみるのか、反応がよければ先月よりも広告費を増額してより大きな成果を取りにいくのかなど、様々な改善策を検討します。

そしてその改善策をお客様に確認・了承してもらったのち、ふたたび入金を依頼し、修正後の広告を入稿して配信を開始、運用に移行していきます。

図表3-5　ネット広告代理店の業務の流れ

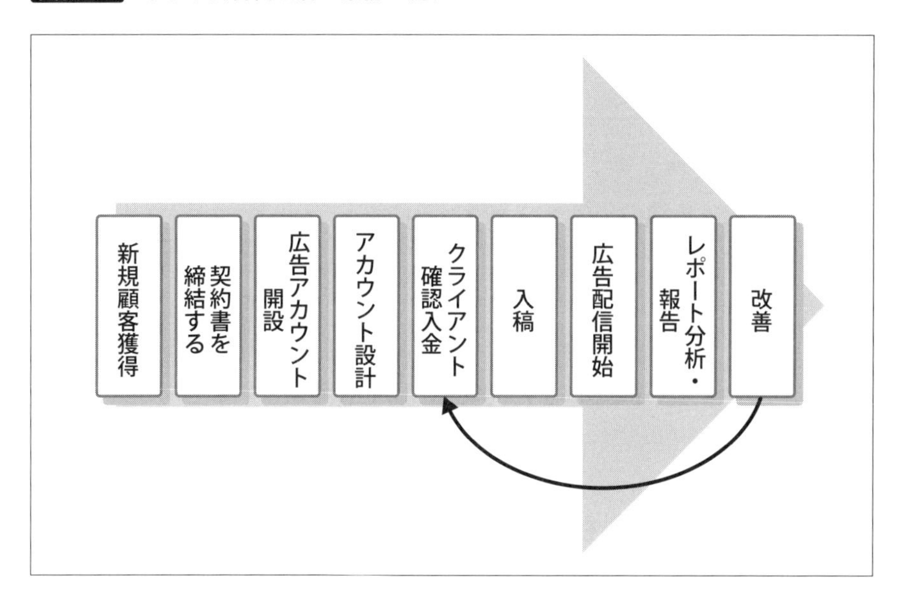

以降も基本的な流れは同じです。入稿から配信、運用、分析、改善のPDCAサイクルを回しながら、よりよい広告成果を狙い続けていくことになります。

STEP 7 ネット広告代理店が扱っている広告媒体

媒体各社は複数の広告商材を持っている

本章の最後に、ネット広告代理店が主に取り扱う広告商材を整理しておきましょう。

ネット広告でよく知られているのはGoogle広告やYahoo!広告などですが、それらはあくまでGoogleやYahoo!が提供しているネット広告の一種となります。GoogleやYahoo!をはじめとした媒体各社は複数の広告商材を持っています。

そこでネット広告の種類を大まかに分類していくと、次のような広告商材に分けられます。

・リスティング広告（検索連動型広告）

GoogleやYahoo!のような検索エンジンサイトでキーワード検索した際に連動して配信される広告です。打ち込まれたキーワードと関連する広告が表示されるので、ユーザーの興味・関心と連動した広告を配信できるメリットがあります。

前述のように運用型広告の代表的なネット広告の一つです。

・ディスプレイ広告

パソコンやスマートフォン用のWebサイトやスマホアプリの広告枠に掲載されるタイプの広告です。具体的な広告としては、同じく前述の「純広告」が該当します。Yahoo! JAPANをはじめとしたポータルサイトのトップページの特定枠（ディスプレイ）に一定期間、広告を掲載可能です。

広告が不特定多数のユーザーの目に触れることから、潜在ニーズを掘り起こす際に活用できます。

・動画広告

画像やテキストではなく、動画コンテンツとして配信する広告です。YouTubeをはじめとした動画サイトを利用する人が増えたことで近年、注目されているネット広告の一つです。

動画広告を作成するためにはコストと手間がかかりますが、テキストや画像よりも多くの情報量を盛り込めることから近年、利用シーンが拡大しています。

・SNS広告

FacebookやTwitter、InstagramなどのSNSに配信される広告を指します。

SNS広告では、ユーザーの興味・関心や居住地域、年齢、性別などの属性に応じたセグメントが可能なので、狙った顧客層に広告をアプローチしやすく、訴求効果を高めやすいメリットがあります。

・ショッピング広告

通常のリスティング広告とは異なり、商品の写真や価格などを表示できるタイプの広告です。テキストリンクだけでなく、商品の特徴を視覚的に訴求できるのが特徴になっています。

・レコメンド型リターゲティング広告

ネット上の行動履歴をもとに配信する広告です。たとえば特定のWebサイトに訪問したユーザーに対して、そのサイトで紹介されている商品やサービスと関連するネット広告を表示する仕組みです。

特定の商品やサービスに興味・関心を抱いた顕在顧客に対して効果的にアプローチできるメリットがあります。

・アフィリエイト広告

すでにお伝えしたように、成果報酬型広告の一種です。自身のWebサイトやブログに商品やサービスを紹介し、その商品やサービスと関連する広告を掲載することで収入を得るマーケティング手法です。

記事を書く手間がかかりますが、商品やサービスの特徴や魅力を掘り下げて紹介できる利点に加え、記事がネット上の資産として残り、掲載する限りアクセスを集め続けるメリットがあります。

・メルマガ広告

メールマガジンに掲載して配信する広告です。ネット広告黎明期から存在する広告の一つで、メールマガジンを購読中のアクティブな顧客にアプローチできる利点がある一方、開封率の低いメルマガに掲載すると顧客の目に触れにくいデメリットがあります。

・純広告

繰り返しの説明になりますが、特定のメディアに掲載する広告を指します。特定枠を一定期間買い取り、広告を配信できます。

純広告の種類としては、バナー広告やテキスト広告、ディスプレイ広告などがあります。先ほど紹介した動画広告やメール広告も純広告に該当することもあります。

CHAPTER

4

ネット広告代理店の新潮流「コンサル型ネット広告代理店」

STEP 1 ネット広告代理店の現状

ネット広告代理店は「きつい業界」

ここまで見てきたように、ネット広告代理店を立ち上げること自体は法人、個人問わず容易です。誰でも契約できる運用型広告を取り扱うことで、事業体制をすぐ整備できるでしょう。

しかしネット広告という成長市場を舞台に小資本で広告代理店事業をはじめることはできたとしても、いきなり稼げるようになるわけでは当然ありません。

そこで本章では、ネット広告代理店ビジネスの現状と問題点を述べた上で、事業開始後に事業や収益の柱をどう仕組み化し、どう稼いでいくかという内容をお伝えしていきます。

そのためここから少しの間、ネット広告代理店事業に興味のある方にとっては少々酷な話になるかもしれません。というのもネット広告代理店はマーケットとしての魅力はある一方、現状を一言でいえば「きつい業界」だからです。

2018年、電通の女性社員が自ら命を絶ち、長時間労働やパワーハラスメントの問題を世間に投げかけました。一連の問題は電通に限らず、労働環境が極端に長い広告業界全体の悪しき慣習となっています。

なぜ広告業界の働く環境はかくも過酷にならざるを得ないのか。

その理由を集約すれば、「属人的な現場」ゆえに、「過剰サービス」が常態化している点に行き着きます。次項から詳しく説明していきましょう。

STEP 2

属人的な現場という問題点

属人的な現場ほど効率や生産性とは縁遠くなる

まずマス媒体で考えてみます。仮に新開発した自動車の広告をつくる場合、一般にはクリエイティブ・ディレクターが全体の企画を統括した上で、実務面ではコピーライターが文案をつくり、デザイナーが広告物のデザイン作業を担当します。

この3者のうち、たとえばコピーライターは新商品の魅力を的確に表現し、人びとの興味・関心を惹きつけるキャッチコピーやボディコピーを考えなければなりません。訴求力の高いコピーを天才的に閃く人もいれば、あらゆる資料を読み込みながら思考を熟成させ、何日もかけてコピーを完成させていく人もいます。コピーライティングの法則はある程度は確立されているとはいえ、最終的にはコピーライター個人の力量やセンスによる部分が大きいのが実情です。

これはコピーワークやデザインワークだけに限りません。広告づくりの上流工程にあたるプレゼンテーションや企画の作成も同様です。企画づくりの方法も同じく法則のようなものはあり、ある程度は標準化することは可能でしょうが、最終的にはその人自身の発想力や構想力に頼る面がどうしても大きくなります。

つまり総じていえば、広告業界の仕事は製造現場のように何万個の製品を何時間で生産するといった計算や生産性の概念が成り立ちにくいのです。クリエイティブワークは機械化できないがゆえ、属人的にならざるを得ないわけです。

なお「属人的」とは、「当人しか分からない状態になること」をいいます。それは「個人差」が生じるということでもあります。個人差とはよくいえばセンスであり、優秀なクリエイターの条件になるわけですが、反面、生産性とは真逆の方向性に違いはありません。

結局、属人的な現場ほど、その属人性を強みにせざるを得ない面があり、どこまでいっても効率や生産性とは平行線をたどってしまうのです。

ネット広告でも千差万別なニーズへの対応は自動化できない

ではネット広告の世界はどうでしょうか。

機械学習が発達してネット広告の管理の自動化技術が発展し、初期設定をうまくやればプロ並みの広告成果を出すことは十分可能とお伝えしました。

それはその通りなのですが、自動化技術によってサービスの品質をある程度一定にすることはできたとしても、広告主であるお客様の要望は一つではありません。お客様が扱う商品やサービスも千差万別で、商品やサービスの数だけ特長や強みが存在します。

お客様のニーズをくみ取り、商品やサービスを熟知した上、どういう広告文や視覚的表現を駆使すれば訴求効果が高くなるのかを考えるのは、簡単ではありません。従来のマス媒体とは違って成果の根拠がデータで可視化されるメリットはあるとはいえ、顧客ごとに異なる条件設定まで完全自動化することは現状ではできません。

さらにもっと単純にいえば、広告運用者によって得意な業界と苦手な業界も当然あります。男性が女性化粧品の広告を考えるのは難しいでしょうし、女性が男性の趣味の世界に立ち入りイメージを広げるのは簡単ではありません。

技術のアップデートの速さへの対応も求められる

加えてネット広告の場合、マス媒体にはない難しさがもうひとつあります。

それは技術のアップデートの速さです。GoogleやYahoo!、Facebookなど各種広告媒体は毎週のように機能の追加やアップデートを行っています。機能を使いこなすためには、広告媒体やシステムについて理解を深めなければいけません。そのために機械学習や統計学という分野について学ぶことが求められるようになってきています。技術の発展により、広告効果が上げやすくなった反面、今までとは違う分野の学習が必要となっており、より個人の能力に依存する面も出てきています。

結局はネット広告の管理・運用も属人的な作業に頼らざるを得ない面があるのが実情です。

STEP 3

「過剰サービス」が常態化するという問題点

答えのない世界には、終わりのない修正依頼のリスクがある

こうした属人的な現場では、「過剰サービス」が生まれる土壌が形成されていきます。仕事が属人化することで、その人にしか分からない、その人にしかできない仕事がますます増えていくからです。

マス媒体の場合、クリエイティブワークは答えのない世界でもあるので、クライアントから終わりのない修正依頼が入るリスクがあります。広告主と広告代理店側でクリエイティブの目指す方向性を共有しておかない限り、いくらクリエイターがスキルと知恵を総動員して修正しても、「ちょっとニュアンスが違う」「だから別案が欲しい」という無限ループの状態が続いてしまう可能性があります。

クライアントから度重なる修正が入る理由にはいくつかあり、なかにはクライアントが目指す世界観とは異なる表現を得意とするクリエイターが担当している可能性もあれば、そもそもクリエイターの能力不足という側面も考えられます。したがってマス媒体の場合は純粋に過剰サービスとは呼べない面もありますが、過酷な労働環境を生み出す元凶という意味で述べさせていただきました。

クライアントの拡大解釈がタダ働きを生み出す

一方、ネット媒体の場合は文字通りの過剰サービスに陥るリスクがあります。

その最大の原因は、クライアントが広告代理店にできることの範囲を拡大解釈しているためです。

ここで広告主（事業主）がネット広告を活用し、売上が上がるまでのステップを整理しましょう。

図表4-1 事業主がネット広告を活用して売上が上がるまでの3ステップ

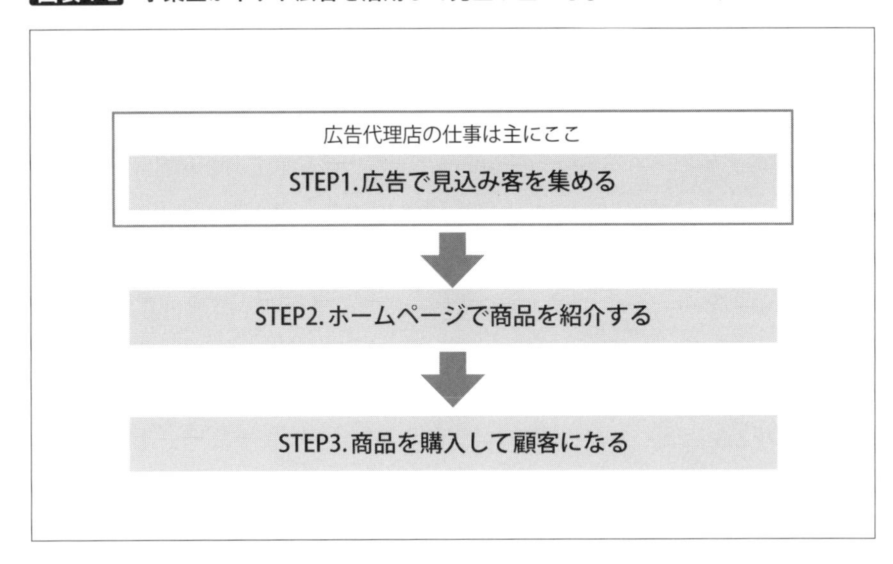

この三つのステップのうち、ネット広告代理店の仕事の範囲はステップ1の「集客」までです。商品の顧客と思われる人（＝見込み客）を、ネット広告という手段を使って可能な限り急いで集めること、これが広告の役割です。

本来、自社サイトで商品を紹介し、購入してもらうステップは広告主自身が対応すべき範疇なのです。

ですが、次第にネット広告以外の仕事も派生的に依頼されるようになっていきます。ネット広告代理店にとっては仕事の幅を広げるチャンスである反面、繰り返すようにネット広告以外の仕事を無料で受けるだけでは単なる過剰サービス以外の何物でもありません。

派生仕事を収益化できれば事業として成り立ちますが、お金をもらわずに何でも引き受けるのは単なるタダ働きでしかないわけです。

タダ働きから脱するには差別化が必要

ネット広告代理店の仕事がきつい最大の理由は、まさにこの「タダ働きになっている」点にあります。

この状態に陥ってしまう理由は、広告主の要望に応じて何でも引き受けてしまうからですが、その裏には、他のネット広告代理店の真似をしている、取り扱う広告商材が他のネット広告代理店と一緒などの問題があります。そうした結果、広告主からはどのネット広告代理店もすべて一緒に見えてしまうリスクが生じるのです。すべて一緒になってしまえば、最終的には価格勝負にならざるを得ず、値引き合戦になってしまいます。

そうなると自社ならではの特色を打ち出せず、他のネット広告代理店との差別化も難しくなり、結局はいわれるままに仕事を引き受けてしまうだけの「便利使いのネット広告代理店」という立ち位置が確定してしまうわけです。

ではタダ働きから抜け出すために必要なことは何でしょうか。

具体的な提案は後述しますが、一ついえるのは「自社で対応できる範囲を線引きし、それ以外の派生仕事を請ける際の料金体系を整える」ことです。

仕事の線引きと収益モデルを自分で定義することで、他社の真似ではない自社特有のビジネスモデルを構築できます。その結果、他社との差別化が可能となり、顧客を選ぶことができるようにもなるでしょう。

過剰サービスは深刻な人材不足をも引き起こす

なお、「属人的な現場」が引き金となって「過剰サービス」が常態化していくと、次第に人材不足も深刻化していきます。ネット広告の運用の現場がまさにそうで、広告主に的確なアドバイスができる優秀な人材が不足しているのが現状です。

特に地方に目を向けると、そうしたコンサルティング領域にまで踏み込める優秀な人材は皆無といっていいでしょう。

STEP 4 手数料ビジネスの限界という問題点

マス広告は予算が大きいから手数料ビジネスが成り立つ

ネット広告代理店事業の「きつさ」に拍車をかけているのが、すでに限界を迎えている手数料ビジネスというビジネスモデルです。

本書で、マス主体の広告代理店が枠を販売する際の手数料と、ネット主体の広告代理店が受け取る手数料のお話をそれぞれしましたが、いずれの手数料もおおむね20%で共通している点にお気づきだったでしょうか？

割合が同じなのには理由があります。ネット広告代理店の手数料ビジネスは、マス主体の大手広告代理店が築いた手数料モデルを参考にしたといわれています。私自身、ネット広告代理店業界に長年身を置いてきたなか、過酷な労働環境に陥る最大の元凶がこの手数料ビジネスではないかとの結論に至りました。

というのも、そもそもマス広告を取り扱う広告代理店の手数料モデルの主体はマスメディアの広告枠です。テレビCMの広告予算であれば数千万円から数億円規模、新聞広告でも数百万円規模が当たり前の世界です。その数百万円から数億円規模のマス広告の枠を販売する見返りの20%ですから、広告代理店の実入りも必然的に大きくなります。

しかもマス主体の広告代理店は広告枠を独占的に販売する強みがあります。広告主は、枠の予算が高額だと認識しながらも自ら買い付けることはできないため、広告代理店に頼るしかないわけです。

予算規模が小さいネット広告に手数料ビジネスはそぐわない

それに対して、ネット広告代理店が扱う広告媒体の予算規模は、マス広告の規模と比べて一桁から二桁違います。大手ポータルサイトの純広告など一部の限られたネット広告は1,000万円を超えるケースもありますが、それ以外は、高くても100万円台、下は10万円台となります。

にもかかわらず、マス媒体と同じ手数料モデルをネット媒体に持ち込んでしまった点に最大の問題があると思うのです。ネット広告は予算規模が小さいわけですから、端的にいって手数料ビジネスでは儲からないのです。

しかもネット広告（運用型広告）は誰でも取り扱いが可能ですし、出稿後も「運用」という形で関与し続けなければなりません。広告を出せば終わりのマス広告と違い、運用コストまで20%の手数料に入っているのがネット広告代理店ビジネスの現状なのです。

そのうえ属人的な現場であるために、本来の仕事以外の依頼も請けてしまい、タダ働きすると考えると、誰が見ても割に合わない仕事だとご理解いただけるはずです。

STEP 5 ネット広告代理店ビジネスの問題をすべて解決する秘策とは？

自分がやることを決め、顧客を選んでいく意識が求められる

ここまで触れてきた現状から抜け出せないでいると、いずれネット広告代理店ビジネスは、事業の継続自体が困難になる可能性があります。理由は次の三つです。

- 顧客の要望に応えようとするがあまり、業務のやり方が定まらない
- 営業担当が何度も訪問を重ね、新規の仕事を受注しないといけない
- 属人的な現場の弊害により、担当が変わると業務の質が落ちてしまう

総じていえるのは、現状では人に依存したその場限りの仕事の進め方が当たり前になり、事業モデルや収益モデルの仕組み化ができていないということです。「依頼されるので全部引き受ける」のではなく、「自分がやることを決め、顧客を選んでいく」意識が求められます。

では属人的な現場、過剰サービスの常態化、優秀な人材の不足、手数料ビジネスの限界といった問題を解消し、これからネット広告代理店を開業して儲かるビジネスに育て上げるために必要なことは何でしょうか？

それこそが、本書の核ともいえる「コンサルティング型のネット広告代理店（以下、コンサル型ネット広告代理店）」を目指すことなのです。

STEP 6 これからは「コンサル型ネット広告代理店」を目指すべき

コンサル会社が広告会社に出資する時代になった

2016年、米国の戦略系コンサルティングファームのアクセンチュアがデジタルエージェンシー（ネット広告代理店）を買収して話題になりました。本来、コンサル会社と広告会社は得意とする領域が異なることから、資本関係を結ぶメリットがあまりクローズアップされてこなかったように思います。

しかしながら、その後もコンサル会社が広告会社を買収する動きは米国で活発になり、日本においても同じくアクセンチュアがIMJ（日経デジタルマーケティング会社）に出資する運びとなりました。

一連の動きを見て分かるのは、経営の課題解決のためにデジタルマーケティングの活用が不可欠になってきている点でしょう。コンサル会社の役割は企業の経営をサポートすることです。デジタル化の進展によって、企業課題を解決するためにはITやデジタルツールを駆使する必要が生じ、その技術とノウハウを持つデジタルエージェンシーをコンサル会社が求める時代になったわけです。

デジタルマーケティングの視点で経営アドバイスができる能力が求められる

この動きを逆に見れば、広告会社にもコンサルティング能力がますます求められる時代になっていると考えることも可能です。

広告を使って企業課題を解決する。これが広告代理店の使命であるように、従来から広告代理店には一定のコンサルティング能力が求められてきました。それがITやデジタル技術の進歩によって企業課題が複雑になってきているからこそ、広告代理店には単なるコンサルティングに留まらず、「デジタルを活用したコンサルティング能力」が要求されるようになってきているのです。

　このように広告とコンサルティングのボーダーラインがなくなってきている現在、ネット広告代理店を立ち上げて成功するためにもデジタルマーケティングの視点で経営アドバイスができる能力が求められるのはいうまでもありません。

　広告主のニーズをヒアリングし、企業課題を抽出し、それを解決するためのネット広告を提案し、出稿後の運用を通じて成果を上げる。この一連のサポートをコンサル的な立ち位置で行えるようになれば、地方でネット広告代理店を開業して間違いなく成功できるでしょう。

　本書が最終的に目指す姿も同様、地方の中小企業、及び、小規模企業者の悩みを解決できるネット広告代理店を増やすことです。

STEP 7 コンサル型ネット広告代理店になるためには？

コンサル型ネット広告代理店を目指すための三つの考え方

しかしながら、ネット広告代理店を立ち上げて、いきなりコンサルティング能力を発揮できるかといえば、現実的には不可能に近いでしょう。そのためにはネット広告の運用に関する知識と経験、ノウハウが必要になるのはもちろん、経営に幅広く知っておかなければならないのはいうまでもありません。

そう考えると、コンサルタントとしての力を養う方向性を持ちながらも、現実的には立ち上げ間もない時期から稼いでいける方法を考える必要があります。

では広告主のいわれるままに仕事をするだけの下請けに留まらず、自ら主体的に事業と収益の流れを仕組み化し、なおかつ広告主のニーズに応えられる「コンサルティング型ネット広告代理店」を目指すためにはどうすればよいのでしょうか？

そこで私が提唱しているのが、次の三つの考え方です。

①広告主の下請け業者ではなく「相談役」になる

広告主との向き合い方を変えるためにまず大切なのは、いわれるままに何でも引き受けるのではなく、「相談役」になることです。

たとえば税理士は税務の専門家というだけでなく、中小企業経営者にとっての経営のかかりつけ医ともいわれます。税務のサポートに留まらず、経営者のよき話し相手として悩みに耳を傾け、必要に応じて専門家やパートナーを紹介する。そんな経営の相談役としての存在感が、税理士のもう一つの価値になっているのです。

これからのネット広告代理店が期待されていることも同様で、広告主のホームドクター的な立場になることではないかと考えています。

広告主が売上や経営で困っていれば、まずは相談窓口となり、必要に応じて専門家を紹介する。広告主に寄り添いながら課題をヒアリングし、どういう施策を打てばよいのかを一緒に考えていく。そうやって共に走り、共に考える役割を担えるようになれば、便利使いの広告代理店から抜け出すことができるはずです。

②相談は受けるがいいなりにはならない

しかしながら重要なのは、繰り返すように相談は受けてもいいなりにはならないことです。相談役になるということは、顧客の悩みをオーダーメイドで解決するという意味ではありません。発注者と下請けという上下の関係ではなく、広告主と広告代理店が対等の立場でお互いリスペクトし合いながら課題を共有し、共に解決を目指していく、そんなパートナーとしての関係を築くことができれば理想でしょう。

③広告主に提供する価値は「集客の専門性」

その上で「いいなりの広告代理店」から「なくてはならない広告代理店」にステップアップするために重要なのは、提供できる価値を明確にすることです。

ここまでお伝えしてきたように、既存の広告代理店は枠の独占販売に価値を見出してきました。しかし誰もがネット広告を扱えるようになった結果、ネット広告代理店には同様の価値を見出しにくくなっています。

そもそも、広告主が広告を利用するのは、見込み顧客を集客するためです。見方を変えれば、広告を使わなくても見込み顧客を集客することができれば、広告を利用する必要はありません。それでも広告主がお金を先出しで払ってまで広告を利用するのは、見込み顧客を集客するために効果的だからです。

ではネット広告代理店の価値とは何でしょうか。それはマスの広告媒体にはない、ネット広告ならではの強みを活かした集客の専門性です。

ネット広告ならではの強みは様々なデータ取得という面もありますが、それ以外に「集客をコントロールできる」という強みがあります。ネット広告は投下した予算に応じて必要な集客を必要なだけ得ることが可能なのです。

さらに1日単位で予算調整を行ったり、ネット広告の反響や在庫量などに合わせて集客数をコントロールしたりもできます。出稿後の反応は見守るしかなかった従来の広告媒体とは成果の捉え方が根本的に違うのです。

これからのネット広告代理店は、提供する価値を変える必要があります。広告主に与えられる価値を「集客の専門性」に置き換えることで、コンサル型ネット広告代理店を目指すことができるようになるのです。

STEP
8 自社商品をつくることの重要性

目に見える形になっていなければ信用されにくい

以上の三つの考え方を踏まえ、コンサル型のネット広告代理店になるための具体的な方法とは何か。それはズバリ、「自社商品をつくること」です。

なぜ自社商品をつくることがコンサル型ネット広告代理店に必要なのかと疑問に思う方もいるでしょう。

経営コンサルティングの会社について考えてみてください。コンサルティング会社が提供するのは無形のノウハウです。形がないので、コンサルを売る時はノウハウをまとめた自社独自のマニュアルをつくっています。このマニュアルがあることで、顧客は独自ノウハウが体系的にまとめられていることに安心感を得て、コンサルティングを依頼するわけです。

どんなに素晴らしいノウハウがあったとしても、顧客にとって目に見える形になっていなければ、信用はされにくいでしょう。そのため、コンサルティング会社ではマニュアル作成以外にも、セミナー開催や本の出版、動画教材の提供などを行い、自社にノウハウがあることを目に見える形にしています。

価値を見える化してオンリーワンの存在になる

ネット広告代理店もセミナー開催や出版を通して独自ノウハウがあることを主張できますが、問題が一つあります。それはネット広告代理店が取り扱っている商材がネット広告媒体であるということです。ネット広告媒体はネット広告代理店ならどこでも契約できますし、広告主が直取引を行うこともできます。誰でも契約できるので独自性を出しにくいのです。

でも、自社商品をつくればどうでしょうか。自社商品であれば、自社しか販売できません。ネット広告の独自ノウハウがあると主張するだけではなく、ネット広告に対する独自のノウハウを自社商品化することで、オンリーワンの存在になれます。

ネット広告代理店の仕事がきつくなる根本の問題を整理すると、「提供するサービスが不透明」という点に尽きます。サービスが明確でないからこそ、その価値が広告主に伝わらず、提供側の広告代理店に力がない限り、下請け化してしまうわけです。

そこで必要となるのが、「価値の見える化」です。ネット広告代理店が提供できる「価値＝集客の専門性」を分かりやすく提示することで、広告主は理解しやすくなります。「価値＝集客の専門性」を見える化するために自社商品をつくることは重要です。

図表4-2　価値の見える化

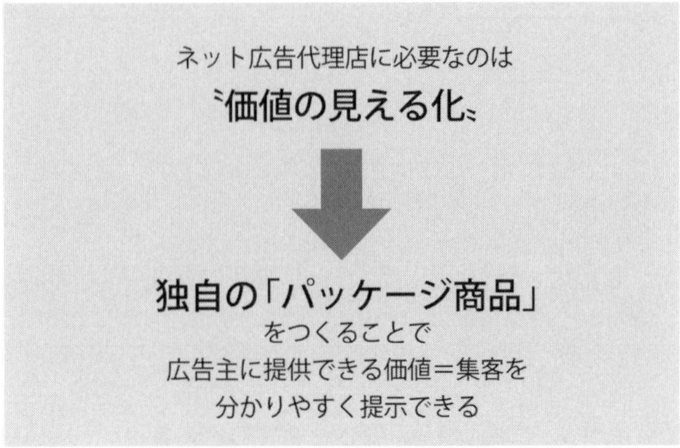

ネット広告代理店に必要なのは
〝価値の見える化〟

独自の「パッケージ商品」
をつくることで
広告主に提供できる価値＝集客を
分かりやすく提示できる

STEP 9 コンサル型ネット広告代理店ならではの「パッケージ商品」とは？

パッケージ商品の5つの魅力

とはいえ、具体的にどのような自社商品をつくればよいのでしょうか。私が提案しているのは、独自の「パッケージ商品」をつくることです。

パッケージ商品には、次の5つの魅力があります。

①提供するサービス内容がパッと見てすぐ分かる

ネット広告という形のないサービスを「パッケージ化」するとはどういうことでしょうか。これは旅行代理店が販売をしているパッケージツアーをイメージしてみてください。

消費者は旅行代理店が企画したパッケージツアーの何に価値を感じて買うのでしょうか。それは「旅行のプロである旅行代理店が企画した旅行プランなら、トラブルがなく楽しい旅行ができるだろう」という安心と、手配の手間が省ける利便性です。

パッケージツアーの場合、旅行代理店が航空券やきっぷ、宿泊ホテル、観光施設の入場券などすべて手配したものを旅行プランとして販売しています。個人で旅行をする場合、すべて手配をするのは大変ですが、パッケージツアーの場合、すべて旅行代理店が揃えてくれます。消費者はパッケージツアーのなかから、自分が気に入ったプランを一つ選んで購入すれば旅行の手配をする必要はありません。

旅行をすべて自分で手配をすることも可能ですが、いったことがない土地でトラブルに巻き込まれるかもしれません。また、旅行を企画して、手配するだけでも時間がかかります。パッケージツアーを選べば、自分では何も考えずにおまかせで旅行を楽しむことができます。

旅行代理店であれば、旅行を企画する専門性があるので、消費者は安心と利便性に価値を感じ、パッケージツアーを買うのです。

これと同じように、「集客の専門性」をパッと見て理解しやすい「ネット広告版のパッケージ商品」を開発し、それを広告主に購入してもらう仕組みにするのです。物理的なモノを販売するわけではなく、提供するのはあくまでも無形のネット広告ですが、後述のように「サービスをモノ化する」ことで提供できる価値が明確になるとともに、サービスの範囲を拡大解釈される心配もありません。

あれもこれもと依頼されることもなくなり、下請けの立場に陥る環境を未然に防ぐことが可能になります。

②サービスをモノ化することができる

サービスはパソコンやスマホを買うようにモノが提供されるわけではありません。そのため、サービスを受けるまではよし悪しを判断することが難しいでしょう。しかし、パッケージ化をすれば、提供されるサービス内容がどのようなものかが可視化されます。消費者からすれば、サービスの提供方法や値段が事前に分かるので、安心して購入することができます。

先ほど、パッケージツアーについて触れましたが、旅行代理店が提供するパッケージツアーで提供されるものは無形のサービスです。ただ、パッケージツアーには必ずついてくるものがあります。それは、「旅程表」です。

旅程表があることで、目に見えない旅行が可視化されモノ化されます。消費者が旅程表を手にとって、どのような旅行プランなのかが分かるようになります。手にとって触れるものがあることで、消費者に無形のものをリアルに存在するものとして認識させることができます。

同様に、広告主からすれば、ネット広告というのはどのようなものかはよくわかず、広告代理店が何をしているのかも見えません。これが広告主にとっては不安で仕方がないのです。ですが、ネット広告というサービスをパッケージ商品化すれば、広告主は目で見て手にとって触ることができます。それによって、今まで実態がよく分からなかった不安が払拭されるのです。

③サービス内容が明確なのでビジネスを仕組み化できる

パッケージ商品の事業上のメリットは、事業や収益のモデルを「仕組み化」できる点です。

ネット広告の運用という、形のないサービスをパッケージ化することで、商品を販売して対価を得るビジネスモデルにブラッシュアップできます。対価を得る方法も、手数料ではなく初期導入費＋運用保守費用といったように、柔軟に組み立てることが可能になります。

また、工数の見積もりもしやすくなります。ネット広告は種類に応じて管理方法が変わるため、作業内容がどうしても複雑になってしまいます。

それに対してパッケージ化されたネット広告は作業内容が決まっているので、数をこなしやすいのです。それは提供サービスの品質向上につながります。また、手順が決まったものになるため、新人でもすぐに質の高いサービスを提供できます。その結果、現場の属人化や過剰サービス、人材不足などの問題を一気に解消できるのです。

④サービス内容が決まっているので、説明が販促になる

ネット広告を提案する場合、その種類に応じて説明を変えなければなりません。まして提案する相手は素人の方が多いですから、とにかく理解していただくのが難しいのです。

その点、ネット広告をパッケージ化しておけば、広告主に提供するサービス内容や提供方法の詳細などを、提供前からすべて明示することができます。サービス内容が決まれば説明内容も固定化できるので、広告主に話をしやすくなるというメリットがあります。

⑤商品の購入を即決させることができる

パッケージ商品の利点は、提供するモノが明確になるとプライシングがしやすくなり、値段が明らかになることで販売しやすくなる点です。そして、広告主に商品購入を即決させることができます。なぜかというと、広告主はパッケージ商品を目の前にした時「買うか」「買わないか」の二択の選択を選

ぶことになるからです。

少し話は変わりますが、コンサルティングに不可欠な聞く力として、「オープン質問」と「クローズ質問」の二つがよく挙げられます。前者は「欲しい商品は何ですか？」と自由に回答してもらう質問、後者は「この商品は欲しいですか？」とイエス・ノーで回答してもらう質問です。この2種類の質問を使い分けて、相手のニーズを探っていきます。

この方法は商談の時でも使用できます。ただ、広告代理店の商談の多くはオープンな質問が続きます。たとえば「ビジネスで困っていることはありませんか」「集客で困っていることはありませんか」と、広告主のニーズを聞き出していきます。そして、広告主のニーズを聞いてから提案をする場合、提案書をつくる必要があります。そのため、1回目の商談の後、社内に持ち帰り提案書をつくり、再度、商談をする必要があります。複数回、商談をしなかったとしても、新規の広告主と商談をするたびに提案書をつくると生産性は上がりません。

パッケージ商品があれば、サービス内容や提案する内容は決まっています。質問があっても、それはパッケージ商品に対するものだけに限定されます。最終的には、広告主はパッケージ商品を買うか、買わないかの二者択一を選ぶだけになります。そのため商品の購入を即決させることになるのです。

CHAPTER

5

ネット広告代理店専用パッケージ商品のつくり方

STEP 1 ネット広告代理店が売るべきものは「集客システム」

広告掲載の代行サービスに集客システムというラベルをつける

前章で、コンサル型ネット広告代理店を目指すなら、独自の「パッケージ商品」をつくることが大切だと説明しました。では、何をパッケージ化して販売すればいいのでしょうか。

広告代理店が広告主に提供する価値は「集客の専門性」であることはお伝えしました。集客の専門性という価値を伝えるために、ネット広告代理店がパッケージ化するべきものは「集客システム」です。

図表5-1 ネット広告代理店がパッケージ化するべきもの

販売するのはサービスではなく
「集客システム」

広告主はこの集客システムを
手に入れることで
欲しいだけの集客が手に入る

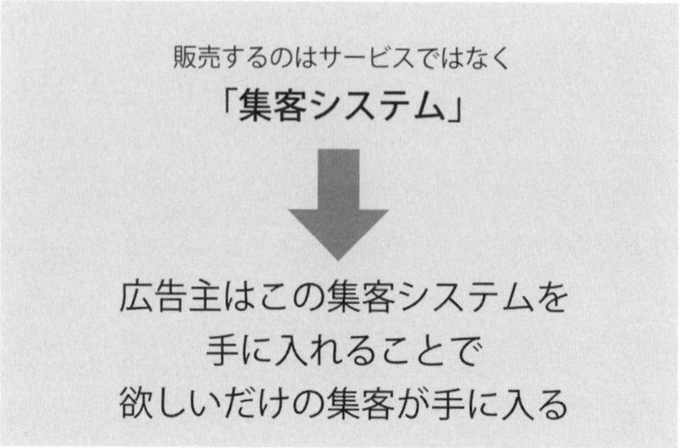

広告主は、ネット広告のことはよく分からない方がまだまだ多いでしょう。また、ネット広告代理店がどのようなことをしているのかも分かりません。広告主は分からないことだらけで不安なのです。ですが、見込み顧客を

集客するために、ネット広告は利用したいと考えています。

そこで、広告代理店がどのようにネット広告を使って集客を行うのかをパッケージ化してハッキリと提示すればいいのです。広告掲載の代行業務をサービスとして提供することは変わりませんが、パッケージ化して集客システムというラベルをつけることで、サービスがモノ化されます。広告主はモノ化された集客システムを導入することで「欲しいだけの集客」を手に入れることができるようになります。

本章では、パッケージ化して集客システムをつくる方法を解説していきます。

STEP 2 集客システムの商品の位置づけ

独自の集客システムは自社を知ってもらうツール

具体的に集客システムをパッケージ化してつくる方法を解説する前に、まず集客システムの商品の位置づけについて説明をします。

前章で、これからのネット広告代理店はコンサル型になる必要があり、独自のパッケージ商品をつくることでオンリーワンの存在になれることをお伝えしました。しかし、この話をすると自社商品「だけ」を売らなければいけないと考える方もいます。結論からいえば、パッケージ化した自社商品だけを売る必要はありません。自社商品以外にもネット広告の運用代行業務を広告主に提供しても構いません。

ただし、自社商品があるのとないのとでは、広告主から見て自社の見え方は違います。

ネット広告代理店はいい意味でも悪い意味でも取り扱い商材が多くあります。広告主への提案がいくらでもできるため、接点を持ちやすいです。でも、何でも取り扱っているネット広告代理店は特徴がよく分からず、たくさんあるネット広告代理店の一つとしか思われません。

しかし、自社商品があればオンリーワンの存在になれます。その商品を取り扱っているのが自社だけだからです。自社商品をつくることは自社の専門性をつくることにもなります。広告主から見た場合、たくさんある広告代理店の一つという見え方にはなりません。

自社商品である、独自の集客システムをパッケージ化して売り出せば、それが自社の紹介ツールにもなります。

STEP 3 集客システムをパッケージ化して売るために必要な「3点セット」とは？

「説明書」「申込書」「契約書」の三つが必要

集客システムをパッケージングして販売する際、「説明書」「申込書」「契約書」の3点セットを準備する必要があります。

・説明書

集客システムの説明書は、「目標確認設定書」「広告掲載方針書」「広告掲載業務マニュアル」の三つの資料で構成されます。それぞれの資料については、後ほど説明します。

・申込書

3種類の説明書で広告掲載に向けた具体的な話を進めながら、同時に広告主には「申込書」に記入してもらいます。広告代理店は、広告主から申込書を受け取ることで請求書の発行が可能になるからです。

回収漏れは大きな経営リスクです。そのため、いかに確実に、いかに早く売上を回収できるかが重要です。取引の早期のタイミングで申込書の手続きをかませることで、請求を早めることができます。

・契約書

のちのトラブルを防止するためにも「契約書」の締結は不可欠です。契約書のつくり方とその内容については第7章で詳述していますので参考にしてください。

以上の3点セットと集客システムをすべて揃えることで、本書が提案するパッケージ商品が完成します。

このパッケージ商品によって、不透明なサービス業から、価値が伝わりやすいメーカー業に業態転換できるとともに、新規営業もしやすくなるでしょう。

図表5-2 パッケージ内容

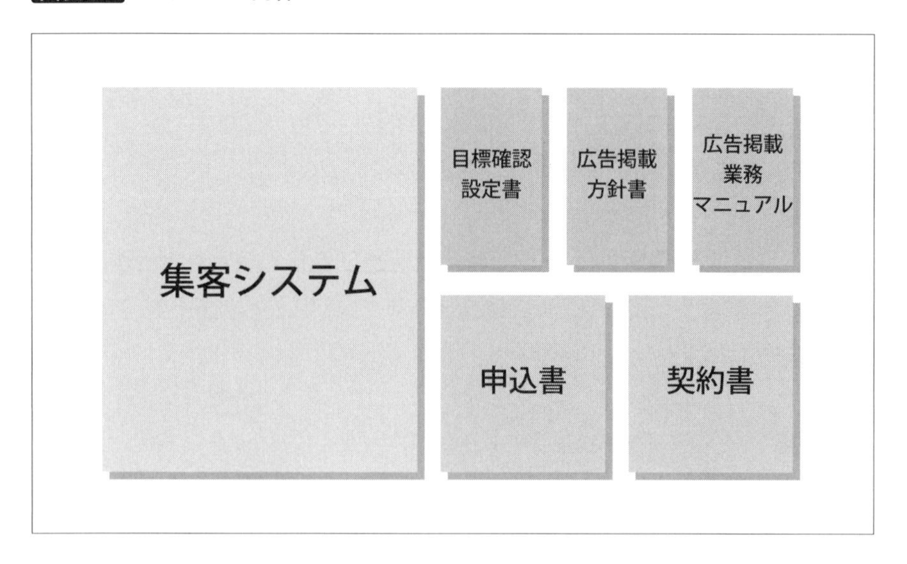

説明書を構成する三つの資料

先ほど、集客システムの説明書は「目標確認設定書」「広告掲載方針書」「広告掲載業務マニュアル」の三つの資料で構成されると説明しました。それぞれの資料について、詳しく説明しましょう。

①目標確認設定書

ネット広告の出稿後は結果を計測し、改善を重ねていくことになります。

ところが「結果＝目標数値」を広告代理店と広告主で共有せずに出稿をはじめてしまうと、思わぬ不満を広告主がため込んでしまう可能性があります。たとえば「クリック数は伸びているのに資料請求に結びつかない」「会員登録はしてもらえるけれど、商品は購入してもらえない」などです。

こうしたトラブルを未然に防ぐために重要となるのが「目標確認設定書」の作成です。ネット広告の設計段階で目標数値を双方で共有し、「目標確認設定書」に明記しておくのです。

目標数値となる指標には様々な種類がありますが、最低限抑えておくべきは「何を目的に広告を出稿するのか」と「目標獲得単価」の二つです。

このうち「何を目的に出稿するのか」というのは、つまり成約（コンバージョン）の定義です。広告主がネット広告を出稿する目的は様々であり、具体例を挙げると「問い合わせ数を増やす」「資料請求を増やす」「会員登録を増やす」「販売数を増やすなど」が挙げられます。この目的＝成約（コンバージョン）を定義し、双方で共有しておくことでトラブルのリスクを事前回避し、広告の予算決めや改善の話し合いができるようになります。

そして、広告の目的が定まると、「目標獲得単価」を決めることができます。目標獲得単価とは、1件の成約を獲得するための目標予算を指します。広告の目的によって獲得単価の捉え方が変わるため、先に成約の定義付けをしなければ獲得単価を導きようがないともいえます。

この目標獲得単価を固定することができれば、全体の広告予算や成約の獲得件数をある程度コントロールできるようになります。

目標獲得単価を割り出す公式はシンプルで、「目標獲得単価＝クリック単価÷成約率」となります。仮にクリック単価が500円で、成約率が1％の場合、「500円÷1％＝5万円」が目標獲得単価となります。すると、たとえば1ヶ月で10件の成約を目指す場合は5万円×10件＝50万円が広告予算となりますし、広告予算の上限が20万円の場合は5件の成約獲得を目指すことになります。

このように、広告の目的と目標獲得単価を広告代理店と広告主の双方で共有することで、共通の目標を目指しながら広告の運用を続けられるでしょう。さらに数字は共通の物差しになるため、相手との距離感を縮めるためにも大事といえます。

なお、クリック単価はネット広告の管理ツールを使うことで、およその傾向を把握できます。

また、成約率はとりあえず1%に仮設定しておけば、大きくズレることはありません。商品やサービス、誘導先Webサイトのクオリティが一定レベルに達していれば、成約率の相場は最低1%程度にはなります。その上で広告を運用しながら実測値を把握し、調整を加えていけばいいでしょう。あるいは業界平均の相場がある場合は、その数値を成約率に設定すれば、より精度の高い予算決めが可能になるはずです。

②広告掲載方針書

サービスの提供範囲を明確にするための説明書です。この広告掲載方針書に「何を提供するのか」を明記するとともに、必要に応じてサービスごとの料金体系も載せておきましょう。

そうすることで過剰サービスを避けることができるとともに、ネット広告から派生したサービスのマネタイズも可能になります。

また、自社がどのようなことを大事にしているのか、どのようなことは行わないかなども併せて掲載することで、自社のことをよく知ってもらうことができます。

③広告掲載業務マニュアル

これは広告主向けというよりも、自社向けに作成するものになります。ネット広告代理店業務の流れに沿って、広告代理店と広告主がやるべきことをマニュアルで示します。

広告を出稿する際には、環境設定や広告文の作成など、実施することがたくさんあります。一つでも忘れると広告出稿を行うことができません。また、広告出稿後の運用改善のタイミングでは、広告代理店と広告主が数字をもとに「目標数値を達成したいかどうかの再確認」「目標数値に対するアクションの確認」「締め切り期限の確認」などを行います。問題なくサービスを提供するためにも、広告掲載業務マニュアルの整備は不可欠となります。

広告掲載業務マニュアルができれば、自社がどのようにサービスを提供するかを広告主に説明する際に、社内で統一した説明ができます。話をする人によって、いうことが変わるようなことがなくなるため、広告主も安心します。

広告掲載業務マニュアルを広告主に手渡してもいいのですが、自社の独自ノウハウの塊でもあります。ですのでマニュアルそのものを見せるのではなく、広告主に見せるようにマニュアルの概要を1枚の紙にまとめたものを用意して、それを共有してもいいでしょう。

STEP 4 集客システムの開発で必要なのは戦略的な「絞り込み」

ネット広告の出稿範囲を絞り込むための切り口は三つ

ではパッケージ商品の核となる集客システムをどのようにつくればよいのか、具体的な方法を見ていきましょう。

コンサル型ネット広告代理店が広告主に提供できる価値は「集客」であり、ネット広告という形のないサービスを「集客システム」としてモノ化して販売するのが大事ということでした。

では「集客システム」とは具体的に何なのか、ということになります。

前章でも触れたように、集客システムとは「ターゲット顧客を広告主のWebサイトに誘導するためのシステム」のことです。

ネット広告は基本的にクリックされてはじめて課金される仕組みですから、投じた広告予算とクリック単価に応じたサイト流入を確保できます。欲しいだけの集客を確実に購入できるのです。このことを物理的な商品になぞらえて「システム」と表現しているわけです。

しかし欲しい集客を実現するというだけの訴求では、単なるネット広告と変わりません。本書で定義する集客システムとは、「市場や業種、地域、サービスなどのセグメントで特化し、ターゲット顧客をピンポイントに集客できるオーダーメイド商品」と考えてください。

そこで集客システムをつくるために重要となるのが「選択と集中」です。

具体的には、「①市場×②差別化×③報酬モデル」の合わせ技でネット広告の出稿範囲を絞り込み、狙った層の集客を確実に実現させるのが集客システムとなります。

次項より、この①～③について具体的に見ていきましょう。

図表5-3 集客システムとは？

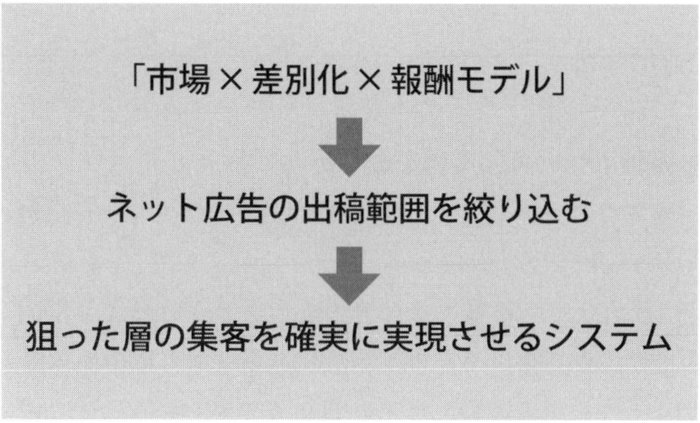

「市場×差別化×報酬モデル」

ネット広告の出稿範囲を絞り込む

狙った層の集客を確実に実現させるシステム

STEP 5 「市場」による絞り込みの考え方

自身の経験をベースに市場を絞り込む

市場は、集客システムをつくる際の絞り込みでもっとも重要な切り口です。

なぜなら、広告代理店は様々な分野の広告を手がけるよりも、一つの市場に一点集中した方が運用ノウハウや経験値を効率的に蓄積できるメリットがあるからです。さらに後述のように特定市場で磨いたノウハウを他の市場、他の地域に転用させていくことも可能です。

では、勝てる市場、稼げる市場を見極めるためにはどうしたらいいのかというと、それは自身の経験や強みをベースに考えることです。既存事業で蓄積してきたノウハウや知識をネット広告事業に転用するのが勝てる市場、稼げる市場を見つける正攻法となります。

もちろん新規開業や副業でネット広告代理店事業をはじめる場合も同様で、自身の得意分野で絞り込みをかけるのが得策でしょう。

ネット広告で稼げる稼げる市場とは？

ただし、選択した市場が必ずしもネット広告で稼げるマーケットとは限りません。

では広告代理店にとっての稼げる市場、稼げない市場とはどのようなマーケットなのかを考えてみましょう。

まず、稼げる市場としては、次のようなものがあります。

・エンドユーザーが高い買い物をする市場

「稼げる市場」で総じていえるのは、「広告主の先にいるエンドユーザーが高い買い物をする市場」です。1件の契約で動くお金が大きいと、広告の予算規模も大きくなる傾向があるからです。一例を挙げると不動産や保険などがあります。

ただしお金に絡む市場は参入者が多いため、ネット広告で成果を出すためには一定のノウハウが必要になります。

・教育や習い事関連の市場

英会話レッスンや料理教室などの習い事全般の他、ダイエットに絡むヨガやフィットネスなども、ネット広告と親和性が高いでしょう。昨今は男女とも筋トレブームでパーソナルジムも注目されているなど、時々のトレンドで狙い目の市場も変わります。

この教育や習い事系は、保険と同様に1件の顧客獲得で生じる売上が大きくなるため、広告主は相応の広告予算を組むことが多い印象です。広告代理店にとっては収益化しやすい市場といえるでしょう。

・エンドユーザーがお金を支払わない市場

意外な切り口では、「広告主の先にいるエンドユーザーがお金を支払わない市場」も狙い目です。たとえば治療院のなかでも「交通事故」に特化するなどです。

交通事故で怪我をした際、本人は保険を使えば自費での支払いはありません。交通事故の治療に関するネット広告は、エンドユーザーは身銭を切らないこともあって反響を得やすく、広告代理店として成果を出しやすいのです。

その他、広告の目的（成果地点）が資料請求や来店予約、無料相談などの場合も同様、エンドユーザーは費用を支払う必要がないことから申し込みのハードルが低く、広告代理店にとってはネット広告の成果を出しやすいといえるでしょう。

このように、エンドユーザーがお金を払わないケースでは広告に対するアクションの敷居が低いため、ネット広告の反響を得やすくなります。

・店舗型の市場

店舗型の顧客は対面でエンドユーザーとの契約が必要となるケースが多く、ネット広告に対する一定の需要があるでしょう。

店舗型の場合、飲食店も狙い目の市場といえます。近年グルメサイトの広告費が高騰していることから、ネット広告に切り替える傾向があるからです。最近は、テイクアウトをはじめる飲食店や通販をはじめるジムなどもあるため、ネット広告市場への参入は増えています。

ネット広告で稼げない市場とは？

一方、「稼げない市場」は、「広告を出しにくい市場」全般です。具体例を挙げると法律が絡む業界は要注意でしょう。

たとえば医療関係や薬事法が絡む健康食品や化粧品に関する市場、懸賞など景表法に絡む市場などです。ネット広告を出す場合は該当分野の法律に精通しておく必要があるのはいうまでもありません。

さらにパチンコなどギャンブル関係やタバコなど、社会的に一定の規制のある市場はネット広告を出すことが規制されている場合もあります。

ただし逆手に取れば、法律に関する知識が豊富な場合は狙い目の市場に変わります。薬事法に詳しい場合は、健康食品などの商品に特化した集客システムをつくれば、需要が見込めるはずです。

小規模広告代理店はニッチ市場を狙え

また、小規模のネット広告代理店の場合、ニッチ市場を狙う意識が大事です。企業間競争の理論と実務を説いたランチェスター戦略でも、小規模企業者はニッチ市場を開拓するのが重要とされているように、たとえ市場規模は小さくてもニッチ市場でシェアトップを握ることができれば、広告代理店はその分野の専門家として営業がしやすくなるからです。

ニッチ市場は大手の参入が少なく、競争原理が働きにくい利点もあります。競争がなければ差別化の必要がなく、オンリーワンのスタンスを確保しやすいのです。

そうした特定の市場に絞って出稿ノウハウを蓄積することで、その分野でオンリーワンになれるチャンスがあります。さらに一つの市場に特化してネット広告の出稿モデルをつくることで、そのノウハウを他の特定市場に横展開させることも可能です。

たとえば「治療院×交通事故」の集客システムで実績を出した後、同じ医療系の横展開として「歯科医院×インプラント」という別の分野に応用するといったイメージです。

広告主の事業を儲かるビジネスモデルに変えられる

なお、ネット広告を出して成果が出るということは、広告主にとってはその事業がうまくいくことを意味します。

つまり市場特化型の出稿モデルは、「その市場に属する広告主の事業を儲かるビジネスモデルに変える」ほどのインパクトがあるのです。

その意味で、広告代理店はネット広告というツールを用いて広告主の経営を改善したり、ビジネスモデルそのものをつくり変えたりできるといっても過言はありません。本書が提唱する「コンサルティング型」が意味するのはまさにそれで、広告主の事業モデルを変革する、あるいは強化するだけの力がネット広告にはあるのです。

とはいえネット広告代理店事業をスタートし、当初からコンサルティング能力を発揮するのは簡単ではありません。パッケージ商品で特定市場の顧客を開拓し、ノウハウを蓄積しながらコンサル能力を高め、提供できるサービスの質を上げていくのがいいでしょう。

STEP 6

「差別化」による絞り込みの考え方

ネット広告代理店事業の主な差別化ポイント

ニッチ市場でオンリーワンの立場になれば競争がなく、差別化自体が必要ないと前述しました。しかし自身の強みとニッチ市場のマッチングが必ずしもうまくいくわけではなく、実際には広大なネット広告市場で成果を出すべく知恵を絞らなくてはなりません。

そこで重要となるのが差別化戦略です。ネット広告代理店事業の差別化ポイントを見ていきましょう。

・地域

ネット広告における代表的な差別化の一つが「エリア戦略」です。広告の出稿エリアを特定エリアに限定し、地域での評価を高めるのです。広告代理店にとってはその地域のネット広告に強い広告代理店という立場を得ることができますし、広告主にとっては地域ナンバーワン業者を目指すことができます。

さらに広告代理店は「特定市場×特定地域」の合わせ技で出稿ノウハウを蓄積すれば、そのノウハウを他の地域に横展開させることも可能です。

たとえば治療院にしても美容院にしても、それぞれの業界の訴求ポイントは基本的には同じです。そのため特定市場の出稿モデルを構築すれば、「治療院×東京」「治療院×大阪」というように、定型の広告文や初期設定を使って他のエリアへの展開が可能なのです。

広告代理店は新しく広告文案を考えたり、初期設定を改善したりするプロセスを削減できるため、ネット広告を効率的に運用しながら他のエリアの新規顧客を獲得できるといえるでしょう。

・広告媒体

ネット広告の媒体を限定して差別化する戦略もあります。第3章で紹介したように、ネット広告代理店が扱う商材は複数あります。リスティング広告を中心にするのが一般的ですが、SNS広告や動画広告など、自身の強みによって媒体を選択するといいでしょう。

・業種

市場ともかぶりますが、業種という切り口で差別化する方法もあります。業種とは事業の種類のことで、大中小の分類に細かく分けられています。代表的な業種としてはサービス業や卸売・小売・飲食業、通販業、不動産業などが挙げられます。

市場特化型と同じく、特定の業種に絞ることで差別化しやすく、また出稿ノウハウを効率よく蓄積して二次展開、三次展開が可能になります。

・サービス

広告主が提供するサービスを切り口に差別化する戦略です。たとえば店舗販売や宅配サービス、債権整理、治療など、営業形態による差別化ととらえてもいいでしょう。

・企画

何らかの企画を打ち出して差別化する方法もあります。たとえばWebサイトの制作ノウハウがある場合は「3日で集客できるホームページを50万円で制作するパッケージ」、広告の運用改善に自信がある場合は「広告改善パッケージ」といったように、自身の得意分野を企画化してパッケージングするのです。

その他、複数のメディアと連動した「メディアミックスパッケージ」も考えられます。自社が広告主に提供できるサービスを分かりやすくパッケージングし、顧客側から見て「この広告代理店は私たちに何をしてくれるのか？」を明確にするのが狙いです。分かりやすさも価値の一つなのです。

・成果地点

市場の項目で述べたように、エンドユーザーの敷居が低い成果地点を設定すれば、広告代理店にとっては成果が出しやすくなります。

STEP 7 「報酬モデル」による絞り込みの考え方

ネット広告代理店事業の主な報酬モデル

手数料ビジネスがネット広告業界を病弊させている元凶と私見をお伝えしたように、ネット広告代理店事業で利益を上げるためには収益モデルをよく検討し、綿密に設計しなければなりません。

それと同時に、報酬モデルそのものが差別化要因にもなりえます。

以降、ネット広告代理店事業の報酬モデルを説明していきましょう。

・手数料モデル

これまで説明してきた通りのモデルです。広告費用に対しての手数料となります。業界標準としては15%～20%になります。

・定額制モデル

1ヶ月の広告予算に応じて定額で費用をもらうモデルです。たとえば1ヶ月の広告予算が10万円未満は定額2万円、10万円～30万円は定額5万円などのように、広告の予算規模と連動して定額費用を設定します。

この定額制モデルは、広告代理店にとっては売上の数字が読みやすく、経営を安定させやすいメリットがあります。一方の広告主にとっては料金体系が明確なので、一定の広告予算の範囲内で成果の最大化を目指せる利点があります。

・固定報酬＋成果報酬モデル

月額の固定費用をもらいつつ、売上目標などの達成度合いに応じて成果報酬を別枠で設けるモデルです。広告代理店にとっては安定収益が確保できるとともに、広告運用のモチベーションを高められるメリットがあります。一方の広告主にとっては成果に応じてプラスの予算を支払えばよいため、広告の費用対効果を高められる利点があります。

・セット型モデル

ネット広告に加えてホームページ制作やバナー制作などをセットで提供するモデルです。差別化戦略の「企画」の切り口がこのモデルに該当します。ネット広告を軸に他のサービスを収益化する際、セット型の報酬モデルを参考にするといいでしょう。

・フィーモデル

かかった工数に対して時間単位の請求を行うモデルです。

・研修型モデル

ネット広告の運用ではなく、その運用ノウハウを顧客に提供するモデルです。たとえば広告主が自社でネット広告の運用を検討している場合、広告代理店は運用コンサルのようなスタンスで教育研修サービスを提供する方法もあります。

・周辺事業モデル

広告運用を行わずに法務チェックや広告代理店との交渉などを行うモデルです。たとえば自社では広告運用の実務を行わずに別の広告代理店に顧客を紹介するビジネスや、顧客の窓口対応のみを行うビジネスの場合、この報酬モデルが採用されます。

STEP 8 ニッチ市場でオンリーワンを目指せる集客システムの選択肢は無限大

三つの切り口をかけ合わせれば、どんな集客システムもつくれる

以上の三つの切り口で集客システムをパッケージングすることで、ニッチ市場を開拓してオンリーワンになれるチャンスがあります。

しかもそれぞれの切り口をかけ合わせることで選択肢は無限大に広がり、自身の強みをもとに売れる集客システムをつくることが十分に可能なのです。

図表5-4 切り口をかけ合わせて集客システムをつくる

市場		差別化		報酬モデル
不動産・リフォーム／工務店／金融／教育・習い事系／治療院（交通事故などの切り口も）／歯科院（インプラントなどの切り口も）／美容室／弁護士／税理士／神社／葬儀屋／ホテル／旅館／単品通販／地方のお土産／ジャンル特化型通販サイト／飲食店　など	×	地域 広告媒体 業種 サービス 企画 成果地点 など	×	手数料モデル 定額制モデル 固定報酬＋成果報酬モデル セット型モデル フィーモデル 研修型モデル 周辺事業モデル

売れる集客システムのかけ合わせは無限大

CHAPTER

6

自社にあった見込み顧客を獲得する集客方法

STEP 1 見込み顧客の選別はパッケージ商品づくりからはじまっている

ネット広告代理店が新規顧客を獲得する3ステップ

パッケージ商品を開発すれば、いよいよ広告代理店事業を軌道に乗せるべく、新規顧客の獲得を目指していくことになります。本章では、ネット広告代理店の営業展開に軸足を置いた説明をしていきましょう。

ネット広告代理店が新規顧客を獲得するステップは次図の通りです。

図表6-1 ネット広告代理店が新規顧客を獲得する3ステップ

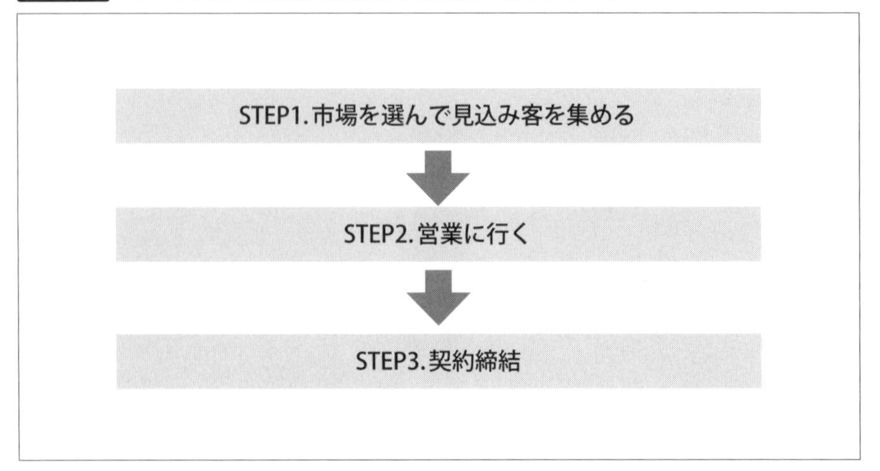

まず勝負する市場を選び、見込み顧客を絞り込んでいきます。この見込み客が明確になれば、2ステップ目の営業方法はおのずと決まってきます。

たとえば「地域の工務店」に狙いを定めたのであれば、商工会議所や商工会の集まりに参加したり、業界紙に広告を出稿したりと、複数のアプローチ方法を挙げることができます。具体的な方法は次項を参考にしてください。

パッケージ商品づくりから営業ははじまっている

ところで、市場の選定からはじまる3ステップを見てお気づきの方も多いでしょう。市場を選ぶ作業は、集客システムをつくるプロセスと同じなのです。

戦略的な絞り込みの一環で市場を確定した段階で、どういう見込み顧客にアプローチを仕かけるべきかが決まります。つまり「パッケージ商品づくりから営業ははじまっている」ということです。

さらにパッケージ商品を提案することで、見込み顧客はその商品を買うか・買わないかの二択で選択でき、広告代理店は申込書と契約書で商談をクロージングに持ち込めます。市場選びから契約までの一連の流れを設計するのが、本当の意味でのパッケージ商品づくりといえるでしょう。

STEP

2 見込み顧客を集める方法

見込み顧客がどういう行動を取りやすいのかを考える

市場を絞り込み、見込み顧客の想定がついた時点で、アプローチの方法をある程度絞り込むことができるようになります。見込み顧客がどういう行動を取りやすいのかを考え、その場所に足を運んだり、目につきやすい場所に広告を出したりすればいいからです。

以降、見込み顧客にアプローチする方法を具体的に見ていきましょう。

①紹介

広告代理店、制作会社、コンサルタント、地域の関係者などから紹介してもらう方法です。ビジネスを問わず王道の顧客開拓法といえます。なかでも新規でネット広告代理店事業を立ち上げた場合、広告代理店や制作会社などが開いているセミナーに参加し、人脈を広げるのが有効な方法の一つです。

広告代理店や制作会社は各種のSNS活用セミナーやホームページ活用セミナーを頻繁に開催しています。そうしたセミナーに広告代理店業者として参加し、セミナー主催者と接触を図るのです。広告の運用スキルが問われますが、主催者から案件を紹介してもらうチャンスは十分あるでしょう。

あるいは条件が許せば主催者である広告代理店や制作会社にアルバイトなどで勤務し、ネット広告の運用経験を積む方法もあります。そうすれば独立後も仕事を紹介してもらいやすくなり、広告代理店事業を軌道に乗せやすくなるはずです。

その他、地方で開業する場合は、地域の有力者や商工会議所・商工会の職員などから地元企業を紹介してもらう手もあります。

いうまでもなく、紹介の有無は信頼の厚さがベースにあります。広告代理店や制作会社などの同業者をはじめ、業界やコミュニティ、地域からの信頼を獲得するべく、積極的に行動してコミュニケーションを取る心がけが大切といえるでしょう。

②広告

ネット広告を扱う事業を展開する以上、自らも広告を有効活用して見込み顧客を開拓したいものです。ただしネット広告に限定する必要はなく、見込み顧客の属性に応じて出稿する媒体を選んでいきます。

たとえば職人気質の工務店を狙う場合はネット広告よりもアナログ媒体の方が広告効果が高い可能性がありますし、インターネットも活用して商売していると考えられる見込み客の場合は主戦場のネット広告一本に絞っていいかもしれません。歯科医などの専門職の場合は業界誌に出稿するのが効果的でしょう。

ネット広告を活用する場合は、後ほど説明するテストマーケティングを自身の営業開拓の目的で実施し、見込み顧客を効果的、効率的に獲得できる方法を模索するといいでしょう。

③オフライン

テレアポで営業の網を広げる努力の他、たとえば店舗型の見込み顧客にアプローチする場合は店に通う方法もあります。タイミングを見て名刺を交換し、集客の相談を受ける間柄になれば理想的です。

その他「①紹介」でもお伝えしたように業界のセミナーに参加し、人脈を広げるのも効果的でしょう。

④情報発信

ネット広告を扱う以上、各種のITツールを使って自ら積極的に情報発信する姿勢は持ちたいものです。

なかでもSNSツールは駆使するべきです。具体的にはFacebook、Twitter、Instagramは使いこなし、広告代理店としての強みや運用ノウハウを発信しましょう。

さらにSNSツールよりも多くの情報量を盛り込めるブログも活用したいところです。ブログの利点としては、記事をカテゴリに分類してアーカイブ化できる点の他、なにより記事がネット上に情報資産として残り続ける点が挙げられます。記事を書き溜めるほど検索でヒットする確率も相対的に高まり、見込み顧客を広く集めるオウンドメディアに育てることが可能です。

もちろんブログを書く際は一つの記事ごとにテーマを絞り、誰にどのようなメリットを提供する内容なのかを明確にするとともに、検索サイトのアルゴリズムの進化を意識したSEO対策も講じましょう。そうやって意図が明確な記事を量産すれば、情報資産として蓄積された記事が見込み顧客を獲得してくれるようになります。

また、勝負する市場によってはクラウドソーシングを活用するのも効果的です。クラウドソーシングサイトに登録すれば自身の経歴をポートフォリオで掲載できる他、ネット広告の得意分野や強みをアピールすることが可能です。ネット広告代理店を探している人や企業から相談を受けるルートを増やせるのです。

自らセミナーを開催して見込み顧客を集める手段もあります。セミナー開催となると敷居が高いと感じるかもしれませんが、YouTubeやZoomなどのオンラインツールを駆使すれば比較的に手軽に取り組めるものです。

セミナー開催のパターンはおよそ三つに分けられます。

一つ目は、オフラインで集客して集める方法です。自ら会場を押さえて告知し、集客する必要があるのでハードルは高い一方、対面でやり取りができるので契約につなげやすいメリットがあります。

二つ目は、ZoomなどのWeb会議ツールを使ってオンライン上でセミナーを開く方法です。主催者にとっては会場を押さえる必要がなく、参加者にとっては現地に移動せずにパソコンの前でセミナーを聴講できるため、比較的容易にセミナーを開催できる方法といえます。

最後の三つ目は、セミナーを自ら録画・編集し、自社サイトなどのオウンドメディア上で視聴できるようにする方法です。広告代理店にとってはリアルタイムでセミナーを開催するわけではないため集客の必要がなく、参加者にとっては都合のいい時間に視聴できることから、もっとも手軽にセミナーを開ける方法といえます。

たとえば会員登録の特典としてセミナー視聴の権限を付与するなどすれば、見込み顧客を獲得するツールにもなります。広告代理店にとっては録画して編集する作業が生じますが、時間を気にせずセミナーコンテンツを作成できる上、ブログ記事と同様にネット上に情報資産として蓄積できるメリットもあります。

⑤コミュニティ

「①紹介」でも述べたように、サロン、協会、商工会議所や商工会などのコミュニティに所属して人脈を広げ、直接仕事を得たり、顧客の紹介を得たりする方法です。ネットとリアルのどちらか一方に営業方法を偏らせるのではなく、両輪で積極的に行動する意識が大切です。

STEP 3 はじめての顧客をどう獲得し、何を提供すればよいのか？

市場の絞り込みから契約までのプロセスをパッケージ商品としてつくっておく

ネット広告代理店の支援事業をしていて一番よく質問されるのが、「はじめての顧客をどう獲得し、何を提供すればよいのか？」ということです。

最初にして最大の壁といってもいいかもしれません。

特に顧客をはじめて獲得した後、「どういうサービスを提供すればよいのか分からない」という相談が本当に多いです。

顧客獲得後の実務で迷いが生じる理由は、仕事を取ることに集中しているあまり、その後の実務の展開にまで頭が回っていないからでしょう。結果、いわれるままに何でも相談に乗ってしまい、提供するサービスレベルと料金が釣り合わなくなるのがこれまでのパターンでした。

しかし本書でご紹介しているパッケージ商品があれば心配ありません。

前述のように、すでに見込み顧客の広告に関する課題を解決するパッケージ商品をつくっていれば、相談の回答としてパッケージ商品を提案できるのです。しかもパッケージ商品にはサービスの提供範囲と料金体系を明記した説明書も含まれているため、過剰サービスに陥ることもありません。

市場の絞り込みから契約までのプロセスをパッケージ商品として形にしておくことで、はじめての営業から実務面まで迷いなく行えるはずです。

STEP

4 顧客選びで失敗しない方法とは？

顧客として避けるべき主なタイプ

新規営業で避けたいのは、問題のある顧客と契約を結んでしまうことです。半年や1年などの長期契約を結んだ場合、引くに引けない状況に陥りかねません。

そこで、顧客として避けるべきタイプについて知っておきましょう。

・下請け扱いをする、契約書の締結を拒む

まず典型例は、「下請け扱いをする」「契約書の締結を拒む」タイプなどです。

コンサル型になるための考え方でも述べたように、広告主と広告代理店は対等なパートナー関係を築くのが理想です。下請け扱いをする広告主と仕事をすると、あれもこれもと要求事項が増えてくる可能性があるので避けるべきです。

契約書の締結を拒む顧客も同様、当初の契約にはない付随的な要求をしてくるリスクがあるため、無理に取引をすべきではありません。申込書、契約書へのサインを取引の最低条件にするなど、与信対策を検討しましょう。

・値下げの要求をしてくる

明示している料金体系からいきなり値下げの要求をしてくる顧客も経験上、よいパートナーシップを結べない可能性が高いです。

値下げを平気で求めてくる顧客のなかには人情味にあふれるタイプの人も一定数存在し、そういう人から信頼を得れば別の大きな仕事に派生していくケースもまれにありますが、取引後も事あるごとに難しい注文をつけられるリスクが相対的に多いと見ていいでしょう。

・丸投げしてくる

広告代理店事業を立ち上げた初期の段階では、丸投げしてくる広告主との取引も避けた方が無難です。「ネット広告のことは分からないので」と初期設定をすべて広告代理店に一任したにもかかわらず、いざ運用がはじまると態度が一変し、「自分が思っていたものと違う」と怒り出す人が少なからずいます。商談の段階で丸投げの傾向が見られた場合は警戒し、無理に契約しない慎重さが求められます。

とはいえ丸投げがすべてダメなわけでもありません。ネット広告の運用経験を身につけた段階では、反対に広告主から丸投げしてもらった方が運用や改善がしやすいからです。運用経験を積みながら、顧客の幅を広げていく努力をしましょう。

テストマーケティングで優良顧客かどうかを見極める

以上は顧客選びで失敗しないポイントのほんの一例ですが、最後にもう一点、優良顧客と取引するための方法があるのでご紹介しましょう。それは次項で紹介するテストマーケティングです。

契約を交わす前に、広告主から少額の予算を預かりテスト出稿できるのがネット広告の利点です。実はこのテスト出稿は、広告主と対等なビジネス関係を結べるかどうかを試すよい機会でもあるのです。少額の予算で広告を運用していくなかで、広告主の広告代理店に対する態度が垣間見えるからです。

警戒すべき顧客は往々にして、広告を出して運用をはじめてみなければ危ない傾向は見えてきません。ところが「失敗した」と分かった時点ではすでに契約を結んでいますから、後戻りができないのです。

ならば契約前のテストマーケティングの段階で広告主の態度や人柄を観察し、取引にリスクを感じた場合は広告代理店の側から契約を断るのもリスク対策です。テストマーケティングは優良顧客かどうかを見極めるツールでもあるのです。

STEP 5 広告運用で成果を出すために重要な「テストマーケティング」

正式に広告運用を開始する前に、少額の予算でテスト出稿する

自社の強みをもとにパッケージ商品をつくっても、運用ノウハウがなければ宝の持ち腐れです。本書では広告運用のテクニカルな解説までは行いませんが、運用から新規顧客の獲得まで広く活用できる「テストマーケティング」について触れておきましょう。

テストマーケティングとはその名の通り、広告主と契約を結んで広告運用を正式に開始する前に、少額の予算でテスト出稿する方法です。

従来のマス広告は枠の購入が前提なので、テスト的に広告を出すことはできませんでした。その点、ネット広告は1,000円単位の少額の予算で出稿できるので、「とりあえず出して様子を見る」ことが可能なのです。

このテストマーケティングを実施することで、じつに様々なメリットがあります。

「マーケティングツール」としてのメリット

まず、「マーケティングツール」として、テストマーケティングには次の三つのメリットがあります。

①月1万円で精度の高い市場調査が可能に

複数の広告文を用意し、市場の反応を見ながら優先順位を決めたり、訴求内容を改善したりする「ABC分析」と呼ばれるマーケティング手法があります。

従来のマス媒体でこのABC分析を行おうとした場合、いったん枠を購入して広告を出し、反応をもとに内容をつくり変えた上、枠を再度購入して出稿し直すしか方法がありませんでした。これでは予算がかさむ他、市場の反

響を数字でとらえられないために広告内容を効果的に改善できない根本的な課題もあります。

あるいはモニター調査を行う場合、従来はモニター会員などに会場に集まってもらい、意見をもらうアナログの方法が一般的でした。この場合は会場を押さえる負担がある他、リサーチ業者を利用すれば相応の予算もかかってしまいます。

一方、ネット広告は少額予算でABC分析やマーケティング調査が可能です。

たとえば「在来工法」「自然素材」「注文住宅」という三つの強みを持つ工務店がネット広告を出稿することになったとしましょう。この場合、三つの切り口で広告文を作成し、たとえば予算は1万円、期間は1週間などの少額・短期間でテスト出稿するのです。

そうすれば、どの切り口の反応が一番よいのかを数値で定量分析できる他、それぞれの切り口に興味を示すユーザーの属性データを短期間で把握できます。そのテストデータをもとに広告文を改善し、本番の広告運用に活かすなどの方法も可能です。

テストマーケティングの期間は、前述のように1週間程度で構いません。当社の場合は3日程度の短期間でテストマーケティングを行い、その測定結果をもとに本出稿につなげることもよくあります。

1万円程度の少額予算で精度の高い市場調査を行い、その結果を広告内容に反映し、運用成果を効率的、効果的に高めることが可能なのです。

②広告主に関心のない人のデータが取れる

さらに「広告主に関心のない人のデータが取得できる」点もテストマーケティングの利点です。

たとえばモニター会を開く場合、すでに広告主の商品やサービスを利用したことがある人が参加するのが一般的です。既存顧客ではなくても、興味関心を抱いている人がモニターになるケースが大半でしょう。

しかしこの方法では、すでに広告主の商品・サービスを認知している人の意見しか集めることができません。そうなるとバイアスのかかった声しか拾えず、広告主を知らない人、あるいは商品やサービスをあまり好きではない人からの意見を広く集めるのが難しくなります。

その点、ネット広告はユーザーの認識の有無にかかわらず、ネット上の広大なスペースに広く掲載されることになります。

もちろんネット広告はユーザーの興味関心と関連性のある内容が表示されますし、ユーザー自身もクリックというアクションを起こしている点でその広告主に完全に無関心とまではいえませんが、従来のマーケティング手法よりも幅広い属性のユーザーの反応を集められるツールに違いはありません。

以前、当社の顧客である工務店の代表から耳にした話です。その工務店が出しているネット広告で一番反応がよかった広告文と、実際にお客様のアンケートで確認した自社の評判ポイントが類似していたというのです。つまりネット広告に接した無関心層の反応と、既存顧客の反応が同じだったということです。

このエピソードからも、ネット広告によるテストマーケティングが、使えるマーケティングツールであることが分かります。

③実測値に基づいて広告予算を算出できる

はじめてネット広告を出す時、いくら予算を出せばいいのか分からない広告主は多いものです。この予算決めの際にもテストマーケティングは有効に使えます。

テスト出稿すると、目標獲得単価を割り出す際に必要となるクリック単価を把握可能です。仮に予算1万円で1週間広告を出稿し、その結果、広告表示回数が1万回、クリック数が100回、クリック単価が100円だったとしましょう。成約率を仮に1%と仮定すると、クリック数：100回×成約率：1%＝獲得件数：1件となり、広告費は1万円なので、獲得単価は1万円となります。

テスト出稿は1週間なので、単純に4倍にすると1ヶ月の予算は4万円、獲得件数は4件が見込めるでしょう。何を広告の目的にするのかにもよりますが、仮に1ヶ月に10件の成約が欲しい場合、獲得単価1万円×目標獲得件数

10件＝10万円が1ヶ月間の広告予算として必要になります。

すると、1ヶ月10万円という予算は広告主のビジネスにとって費用対効果がよいのか悪いのか、粗利益を確保できるギリギリまで広告予算を増やすべきなのかなど、経営の視点で予算額を具体的に検討できるようになります。

このように、実測値に基づいて広告予算を算出できる点もテストマーケティングの大きなメリットといえるでしょう。

「コンサルティングツール」としてのメリット

一方、「コンサルティングツール」としても、テストマーケティングにはメリットがあります。具体的には、次の三つです。

①コンサル力を磨ける

テストマーケティングは、広告代理店にとっては最強のコンサルティングツールといえます。

まず広告代理店にとっての何よりの利点は、実測値という共通項で広告主と対話できる点でしょう。ネット広告は種類が多く、理解するためには専門的な知識も必要になるため、広告代理店が広告主に分かりやすく説明するのが難しいという課題があります。その点、広告代理店と広告主の双方で知識量や理解度に差があったとしても、テスト出稿の結果の数字を軸に対話することで理解が大きくズレることはありません。

認識と理解を広告主と共有し、共通の目標を目指すのは、お互いの信頼を高めるためにも重要なことです。広告代理店はテストマーケティングをコンサルティングツールとして活用しながら広告主との信頼を醸成できるのです。

さらに広告代理店事業を立ち上げた当初は、自らも試行錯誤のさなかにあります。テストマーケティングで自身のスキルを上げながら、コンサルティング能力を磨いていける利点もあるといえるでしょう。

②データをもとに広告主のビジネスのPDCAを回せる

コンサルティングという意味で最終的に求められるのは、やはり顧客の課題を解決し、ビジネスを進展させことでしょう。テストマーケティングによるABC分析で広告主の強みに対するエンドユーザーの反応が分かりますから、広告代理店はその結果をもとにネット広告を改善し、広告主のビジネス自体を良化させることも可能です。この試行錯誤のプロセスは、ネット広告という手段を使って広告主の事業のPDCAを回していることに他なりません。

広告代理店はテストマーケティングという武器を手にすることで、顧客のビジネス改善というコンサルタントに本来求められている能力を高めることもできるのです。

③失敗が許される

最後に付け加えておきましょう。テストマーケティングは少額で行うため、仮に成果が思わしくなくても大きな痛手になりにくいのです。

それどころか、「成果が出ない」という結果が分かったことで、その数字をもとに広告文や設定を改善し、本出稿に活かすことが可能です。

テストマーケティングにおける失敗は文字通り成功のもとであり、むしろテストの段階で失敗を経験することで、本出稿の成功を手繰り寄せやすくなるといえます。

CHAPTER

7

顧客とのトラブルを防ぐための契約方法

STEP 1 契約書は自社で用意し、弁護士に確認してもらう

取引開始後のトラブルを未然に防ぐために

新規取引がはじまると、顧客と契約を交わしてパッケージ商品を運用していくことになります。

そこで大事になってくるのが、3点セットの一つである「契約書」です。取引開始後のトラブルを未然に防ぐためにも、広告主には自社のパッケージ商品に適した内容の契約書にサインしてもらうようにしましょう。

契約書の作成で重要なのはリーガルチェックです。契約書は自社で作成し、契約事項の法的な妥当性、リスクの有無を弁護士に必ず確認してもらうようにしてください。

インターネットで契約書のひな型やテンプレートを入手することも可能ですが、当然そのまま流用できるわけではありません。仮に契約事項に不備があったり、契約を結ぶことなく口頭で説明しているだけだったりした場合、提供するサービス内容の認識について双方で食い違いかねません。

複数のサービスをセットにする場合は特に注意

私自身も、パッケージ商品の運用でトラブルを経験したことがあります。ホームページ制作とネット広告運用をパッケージングした商品を提案し、作業を進めていたところ、先方都合でネット広告の出稿ができなくなったのです。そのため、ホームページの制作とネット広告の運用をセットにした料金設定を見直す必要が生じました。

広告出稿が取りやめになったのは先方都合なので、当初の見積もり代金をそのまま請求するべきか。ホームページの納品分に対してのみ、制作費として請求すべきか。弁護士にも相談しながら、新たな料金体系の整備と契約書の改定を行いました。最終的にはセット料金はやめ、ホームページ制作と

ネット広告運用の2本立ての料金体系にすることで落ち着きました。

この件は複数のサービスをセットにしてパッケージングする際の契約方法についての教訓となり、以降はより慎重に契約を結ぶようにしています。

STEP 2 先方の契約書は念入りにチェックし、リスクヘッジ策を事前に講じる

億単位の損害賠償が課される可能性もある

ネット広告を運用代行する際、広告主から業務委託契約書の締結を求められることがあります。その場合は契約内容を詳細にチェックするとともに、万が一の損害を最小限に抑えるための対策を講じてください。

私の苦い経験をお話すると、契約書を確認せずに契約したため、億単位の損害賠償を支払うことになりかねない状況になったことがあります。

事の経緯は、開業当初、ある大手企業と取引が決まったことです。私は相手側から提示された契約書の中身を確認せずに契約をしてしまいました。

その後、広告主があるメーカーと専属契約をしていた商品の広告掲載依頼がありました。この商品は販売する際のガイドラインが定められていたのですが、私が誤ってガイドライン違反となる広告掲載をしてしまいました。その結果、メーカー側から販売契約を取り消されるかもしれない事態になったのです。

この商品は月に数億円の売上があり、仮に契約を打ち切られた場合、私は相当な額の賠償責任を求められる可能性がありました。私は弁護士と契約書を再度確認したところ、賠償責任は無条件ですべて支払うという内容になっていたのです。

最終的には、おとがめなしで丸く収まりましたが、契約上、億単位の損害賠償が私に課されてもおかしくない状態でした。

契約内容によって損害賠償の範囲を限定できる

こうしたリスクも考えられるため、事前に対策を講じておくことが大事です。具体的には、先方に対して当方から契約書の締結を依頼し、その契約内容によって損害賠償の範囲を限定するのです。たとえば「賠償責任は契約の

期間内に限定し、該当する項目に対して生じた広告費のみ補填する」といった条件を契約事項に盛り込んでおくなどです。

一人起業でも、副業での開業でも、ネット広告代理店を立ち上げた限りは、れっきとした経営者です。事業主としてリスクをいかにコントロールするか、繰り返すように弁護士の力も借りながら、契約の締結は慎重に行うようにしましょう。

さらに付け加えると、広告主のガイドラインや関連法規（薬事法、景表法、健康増進法など）の確認も行うようにしてください。専門的な内容となるので、こうした関連法規も併せて弁護士に相談するといいでしょう。

STEP 3 契約書を締結する際に注意すべきポイント

注意ポイントはたくさんある

ここからは、契約書を作成・締結する際の注意ポイントをより具体的に見ていきたいと思います。

・提供するサービス内容の範囲を明記する

本書で繰り返し述べてきたように、下請け業務だけの広告代理店にならないための必須の項目です。パッケージ商品の内容を具体的に明記し、提供するサービス内容をめぐって双方で齟齬が生じないようにしてください。

・報酬モデルを明記する

サービス内容とともに重要な項目です。たとえば手数料モデルと定額制モデルとでは報酬の捉え方が異なり、契約内容が変わります。契約を結ぶ前に報酬モデルを確定し、契約書に反映するようにしましょう。

・広告費用の支払い方法について明記する

第2章で説明したように、広告費用の支払い方にはいくつかの方法があります。広告主から媒体社に広告費用を直接支払うのか、広告代理店を経由して支払うのか、契約前に取り決めを行い、契約書に明記するようにしてください。

・サービス料金を明記する

同時にサービスごとの料金も併せて明記しましょう。パッケージ商品に含まれる主要サービスの料金に加え、付随するサービス目録と料金一覧も記載しておくことで、ネット広告から派生する仕事の収益化が可能となります。

・契約期間がいつからいつまでなのかを明記する

トラブル防止という観点で特に重要なのは、契約期間を定めることです。一般には、3ヶ月から半年程度の契約期間になるケースが多いようです。理由は、早期解約のリスクを防止するためです。

ネット広告の運用で成果を出すためのポイントの一つは初期設定であり、広告代理店は1ヶ月程度をかけて広告内容を最適化していきます。ところが成果が安定してきた1ヶ月後に広告主の意向で契約が打ち切られると、ノウハウの持ち出しになるリスクがあるのです。したがって最低でも3ヶ月から半年、場合によっては1年などの中長期の契約を結んで売上の安定化を図ることが得策でしょう。

ただし、広告主のなかには初期設定だけ広告代理店に依頼し、その後は自社で引き継いで運用したいと考えているケースもあります。その場合は初期設定のみ代行するパッケージ商品をつくり、設定後に売り切る料金設定にする方法もあります。

一方、広告代理店にとって中長期の契約は諸刃の剣でもあります。問題のある顧客と半年や1年間などの契約を結んでしまうと、途中で取引を打ち切りたくてもできなくなるリスクがあるからです。

したがって、契約期間を定める際は顧客の与信チェックを含め、お互い信頼して取引できるかどうかを見極めることが先決となります。その意味でも、第6章で説明したテストマーケティングを有効に活用するといいでしょう。

・損害賠償の範囲を明記する

前述したように、誤って広告主に損害を与えることになった場合、どこまで補償するかを明記することが大事です。

・管轄裁判所を指定する

細かな話ですが、万が一の訴訟リスクの布石も打っておけば賢明でしょう。

たとえば福岡に拠点を置く広告代理店が東京の広告主のネット広告を運用し、トラブルが生じて裁判に発展してしまった場合、どちらのエリアを管轄する裁判所で争うのかを決めなければなりません。仮に広告主側の管轄裁判所で裁判を行う場合、広告代理店サイドは福岡から関東まで通う必要が生じます。その逆もまたしかりです。

こうしたケースも想定し、万が一の場合は中間エリアの管轄裁判所を契約書で指定しておくなど、双方の負担が少なくなる合意事項を盛り込んでおくことをお勧めします。

・広告アカウントの取り扱いについて明記する

意外と盲点となるのが、ネット広告の管理画面にアクセスするための広告アカウントの取り扱いです。契約終了後、広告アカウントを広告主と広告代理店のどちらが所有するのかをあらかじめ話し合い、契約書に明記しておく必要があります。

広告アカウントが分かれば管理画面にアクセス可能となるため、広告代理店にとっては運用ノウハウの流出につながりかねません。したがって従来は契約終了後は広告代理店が広告アカウントを所有する契約を結ぶケースが一般的でしたが、近年は広告主が所有するケースが多くなっている印象です。

広告主が継続運用を希望するのかなども踏まえ、慎重に判断するようにしましょう。

STEP
4 契約書は電子で交わすとよい

広告代理店と広告主の双方にとって効率的

広告主と契約を結ぶ際、クラウド上で契約を締結できる電子契約サービス「クラウドサイン」を利用すると効率的です。

従来の紙媒体で契約を結ぶ場合、契約書を製本・捺印して顧客に直接渡す必要がありました。相手側も捺印して返送する手間がある他、契約内容によっては双方に印紙税の負担もかかります。

それに対してクラウドサインを利用すれば、契約書を広告主にメールで送付し、先方が合意すれば契約締結の条件が整います。広告主はクラウドサインに登録する必要もなく、企業名や氏名など数カ所に必要事項を記入するだけで契約締結が完了するのです。

その他のパッケージ商品の説明書類は物理的な紙ベースで作成するのが望ましいのですが、契約に関しては電子サービスを導入することで広告代理店と広告主の双方にとって作業効率を高めることができるでしょう。

CHAPTER

8

ネット広告代理店の実務で押さえておくべきポイント

STEP 1
予算管理を行う

月額予算を使い切り、広告効果の最大化を狙う

パッケージ商品の集客システムを運用する際には、予算管理が重要となります。

たとえば10万円の月額予算でスタートした場合、日額予算は約3,289円（1ヶ月の平均日数を30.4日で計算）となります。そこで媒体の管理画面で1日の上限予算（3,300円など）を決めて出稿を開始するわけですが、様々な要因により、1日の予算を使い切れる日と使い切れない日が生じる可能性があります。

仮に使い切れない日が続くと月額の予算を消化しきれず、余ってしまうことになります。その未消化の予算は媒体側の取り分になるわけではもちろんなく、翌月の広告予算に回すことができます。

つまり広告費を変動費扱いにできるわけですが、広告主にとっては月額予算をきちんと使い切り、広告効果の最大化を狙いたいところでしょう。

そこで必要になってくるのが「予算管理」です。

広告代理店は媒体の管理画面で予算の消化率をチェックしながら広告内容を改善（具体的な方法は後述）し、クリック単価や獲得単価の調整を図っていきます。そうやって広告内容を最適化し、獲得件数の増加を目指すのです。

基本的には出稿して終わりの従来の広告媒体とは異なり、出稿後も予算管理（＝運用）によって成果を最大化できる点がネット広告の最大のメリットといえるでしょう。

月額予算を使い切れている場合も調整は必要

他方、月額予算を使い切れている場合は何もしなくてもよいのかといえば、そんなことはありません。

たとえば予算の消化率が100%で、かつ獲得件数も順調に伸びているような場合、翌月の予算を前倒ししたり、月額予算自体を増やしたりすることで獲得件数をさらに拡大できる可能性があります。

あるいは反応率の高い広告の予算は増やす一方、反応の思わしくない広告の予算は減らすなどの調整を図ることで、月額予算を据え置きながら広告効果を改善させることも可能です。

反対に、これ以上反響が増えると広告主側の対応が追いつかない、在庫が切れるなどのリスクが考えられる場合、広告予算を絞る方向に舵を切ることもあります。

このように、予算管理によって広告効果をコントロールできるのがネット広告であり、運用の醍醐味といえるでしょう。この予算管理を正しく行うことができれば、集客システムの運用で問題が生じることはほとんどありません。

STEP 2 効果測定をするための環境設定を行う

効果測定にはエクセルが便利

予算管理を行うためには、効果測定を行うための環境設定が大事です。

当社の場合、「進捗管理表」をエクセルで作成し、媒体ごとに動きをチェックしながら予算の調整と広告内容の改善を行っています。

エクセルを使う理由はデータの互換性がよく、取り込んだデータを加工しやすいからです。各媒体の管理画面からはき出したCSVデータを加工することで、自らカスタマイズした分析指標で広告の効果測定をすることが可能になります。

図表8-1 進捗管理表

残予算(+Fee)	¥2,471,562	Fee	20%
残予算(管理画面)	¥2,059,635	残り日数	0

■全体合計

期間	表示回数	クリック率	クリック数	クリック単価	コスト(fee抜き)	コスト(fee込)	獲得単価(fee抜き)	獲得単価(fee込み)	獲得件数	獲得率
31日時点	30,462,491	0.14%	41,417	¥51	¥2,107,032	¥2,528,438	¥2,824	¥3,389	746	1.80%
着地想定(直近3日間)	30,462,491	0.14%	41,417	¥51	¥2,107,032	¥2,528,438	¥2,824	¥3,389	746	1.80%

■Yahoo!検索広告

期間	表示回数	クリック率	クリック数	クリック単価	コスト(fee抜き)	コスト(fee込)	獲得単価(fee抜き)	獲得単価(fee込み)	獲得件数	獲得率
31日時点	44,310	7.27%	3,223	¥13	¥42,466	¥50,959	¥500	¥600	85	2.64%
着地想定(直近3日間)	44,310	7.27%	3,223	¥13	¥42,466	¥50,959	¥500	¥600	85	2.64%

■Yahoo!ディスプレイ広告(YDN)

期間	表示回数	クリック率	クリック数	クリック単価	コスト(fee抜き)	コスト(fee込)	獲得単価(fee抜き)	獲得単価(fee込み)	獲得件数	獲得率
31日時点	24,402,503	0.04%	9,909	¥20	¥200,182	¥240,219	¥3,850	¥4,620	52	0.52%
着地想定(直近3日間)	24,402,503	0.04%	9,909	¥20	¥200,182	¥240,219	¥3,850	¥4,620	52	0.52%

■Google検索広告

期間	表示回数	クリック率	クリック数	クリック単価	コスト(fee抜き)	コスト(fee込)	獲得単価(fee抜き)	獲得単価(fee込み)	獲得件数	獲得率
31日時点	23,338	13.15%	3,068	¥31	¥94,568	¥113,482	¥711	¥853	133	4.34%
着地想定(直近3日間)	23,338	13.15%	3,068	¥31	¥94,568	¥113,482	¥711	¥853	133	4.34%

■Googleディスプレイ広告(GDN)

期間	表示回数	クリック率	クリック数	クリック単価	コスト(fee抜き)	コスト(fee込)	獲得単価(fee抜き)	獲得単価(fee込み)	獲得件数	獲得率
31日時点	4,849,967	0.27%	12,903	¥35	¥453,165	¥543,799	¥7,950	¥9,540	57	0.44%
着地想定(直近3日間)	4,849,967	0.27%	12,903	¥35	¥453,165	¥543,799	¥7,950	¥9,540	57	0.44%

■GDN動画広告

期間	表示回数	視聴率	視聴回数	視聴単価	コスト(fee抜き)	コスト(fee込)	獲得単価(fee抜き)	獲得単価(fee込み)	獲得件数	獲得率
31日時点	0	–	0	–	¥0	¥0	–	–	0	–
着地想定(直近3日間)	0	–	0	–	¥0	¥0	–	–	0	–

■Facebook広告

期間	表示回数	クリック率	クリック数	クリック単価	コスト(fee抜き)	コスト(fee込)	獲得単価(fee抜き)	獲得単価(fee込み)	獲得件数	獲得率

進捗管理表のメリット

進捗管理表で予算管理を行うメリットは次の通りです。

①広告予算のシミュレーションができる

進捗管理表で主にチェックしているのは獲得単価と獲得件数の二つで、なかでも直近3日間の平均数値をもとにした月末の着地予想を重視しています。

着地シミュレーションを行う場合、直近1ヶ月分などの中長期の実績をベースにした方が確度の高い予測が可能なのではないかと思われるかもしれません。しかし常に改善を加えていくネット広告は数値の変動が大きいため、短期実績を参考にした方がシミュレーションの精度が高くなるのです。

このように進捗管理表で予算管理を行うことで、予算の消化率や獲得単価、獲得件数の推移を的確につかみながら広告内容を改善できます。

②媒体を横断して予算配分を全体最適化できる

効果測定の環境を整えていない場合、各媒体の管理画面に個別にアクセスし、媒体ごとに予算管理を行わなければなりません。それでは運用効率が極めて悪くなるだけでなく、全媒体の予算を一括管理するのが難しくなります。

その点、進捗管理表があれば全媒体を横断して予算配分を最適化できます。進捗管理表では媒体ごとにデータを個別管理するとともに、全媒体のデータを一覧管理できるシートも設けているからです。各媒体の予算消化率や獲得単価、獲得件数を同一指標で一括で比較できるため、予算配分を全体最適化できるのです。

たとえばYahoo!検索広告、Yahoo!ディスプレイ広告、Google検索広告、Googleディスプレイ広告の4種類の媒体を運用しているとしましょう。4媒体の推移を比較検討した結果、Yahoo!検索広告とGoogle検索広告の成果がよく出ていると分かったら、両媒体への予算配分を厚めに設定するといった調整が可能です。

進捗管理表で媒体全体の出稿戦略や改善内容を検討した上で、各媒体の管理画面で個別に調整を加えることで、運用の効率化と成果の最大化を両立させることができるのです。

図表8-2 効果測定の環境を整える意味

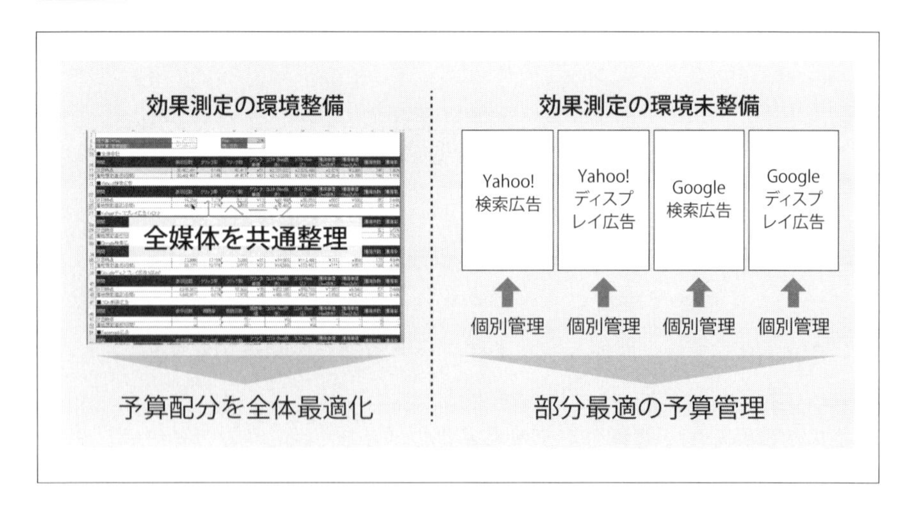

STEP 3 「目標獲得単価＝クリック単価÷成約率」の公式で成果を最大化する

何を改善するかで対策は異なる

では広告内容の改善が必要になった際、具体的に何をどのように調整すればよいのか見ていきましょう。

第5章にて、目標獲得単価を固定できれば、広告予算や獲得件数をある程度コントロール可能だとお伝えしました。さらに目標獲得単価を割り出す公式は極めてシンプルで、「目標獲得単価＝クリック単価÷成約率」と説明しました。

広告内容に調整を加える際も、基本的にはこの公式に当てはめて対策を導き出すことになります。

たとえば検索広告でテストマーケティングを実施し、「クリック単価100円、成約率1％、獲得単価1万円」という結果（1万円＝100円÷1％）になったとしましょう。仮にこの状態で1ヶ月に20件の成約獲得を目指した場合、20万円の予算が必要になります。

ところが月額予算は10万円しか捻出できないとします。この限られた予算のなかで獲得件数を20件に近づけるために、どのような対策が考えられるのでしょうか？

一般的に考えられる対策をまとめたのでご覧ください（図表8-3）。

図表8-3　一般的に考えられる対策

クリック単価	成約率	獲得単価
広告 ・出すキーワードを変更 ・広告文を変更 ・広告媒体を変更 ・入札単価を変更	HP ・飛び先変更 ・トップ画像変更 ・訴求を変更 ・フォームの内容変更	成約地点 ・成約地点の変更 ・商品を変更 ・ラインナップを増やす、減らす

・クリック単価の改善

まず「クリック単価」とは、広告表示に費やした費用を合計クリック数で割った値（Google広告参照）です。たとえば広告が2回クリックされ、費用がそれぞれ20円と40円だった場合、平均クリック単価は30円になります。このクリック単価をコントロールするためには「広告」の内容や設定を調整することになります。

具体的には、媒体の管理画面で入札単価（上限クリック単価）を変更したり、出稿するキーワードや広告文、広告媒体を変更したりするなどです。

ただし入札単価を下げると広告ランクが低下し、広告の表示順位が下がる傾向があるので注意が必要です。

なお「広告ランク」とは、上限クリック単価と品質スコア（クリック率や出稿キーワードと広告内容の関連性、飛び先のランディングページの品質などで決まるスコア）をかけ合わせた検索エンジンのアルゴリズム（計算方法）です。

上限クリック単価が低くても、品質スコアが高ければ、広告の表示順位は相対的に高まる可能性があります。そこでキーワードや広告文を改善して広告ランクを高めることで、上限クリック単価を抑えつつ、広告効果を最適化できるのです。

・成約率の改善

次に「成約率」については、厳密にはネット広告の改善の範囲外です。ネット広告の役割は見込み顧客を目的のWebサイトに誘導することであり、

Webサイトを見た見込み顧客が商品を買うかどうかは飛び先の媒体の品質にかかっているからです。

前述のように成約率は1%に仮設定して大きくズレることはありませんが、改善する場合は飛び先のランディングページ（LP）を修正したり、より訴求力の高いトップ画像に変更したり、訴求内容自体を改善したり、フォームのユーザビリティを改善したりといった対策が一般に考えられます。また、ネット広告で成約率を測るためには、必ず広告媒体ごとにコンバージョンタグと呼ばれる成果測定を行うための機能が提供されています。コンバージョンタグを設置しないとネット広告経由の成約数を計測することができませんので、必ず広告を開始する前には設置してください。

ランディングページやWebサイトの改善もパッケージ内容に含む場合は、広告代理店側が成約率の改善提案を積極的に行うといいでしょう。

・獲得単価の改善

最後の「獲得単価」はクリック単価と成約率の改善の結果で決まるものですが、あえて改善策を挙げるならば成約地点を変更したり、商品のラインナップを増減させたり、商品自体を変更したりといった対策が考えられます。

たとえば成約地点を変更して成約のハードルを下げることで成約率が高まり、結果として獲得単価が低下するといった具合です。

以上のように、「目標獲得単価＝クリック単価÷成約率」という公式で対策を整理することで、データの推移を見ながら何をやるべきかが明確になるのです。

加えて第5章で説明したように、特定市場に特化したパッケージ商品を運用することで、一連の出稿ノウハウや経験を効率的に蓄積できます。特定市場に一点集中して「広告効果の高い初期設定」を標準化させることで、他のエリアへの展開が容易になるのです。

STEP 4 報告は短くてもよいのでマメに行う

報告する際の主な注意点

予算に対してどのくらいの成果が出ているのか、そもそも自社のネット広告がどの媒体でどのように表示されているのか、広告主はいまいち実感しづらい面があります。広告主にとって広告代理店の動きは見えにくいからです。

そこで、集客システムの運用を開始したら、運用状況を広告主に小まめに報告するようにしてください。報告する際の注意点は、次の通りです。

・広告掲載ができているかを確認する

運用開始後はネット広告の掲載ができているかどうか、当たり前のことですが広告代理店自らチェックするようにしてください。検索広告では出稿キーワードで検索して表示結果を確認する、ディスプレイ広告ではどの媒体で表示されているのかを確認する、そんな基本的な確認作業が大事です。

その上で、広告主に対して必ず説明しましょう。特にディスプレイ広告は掲載されるWebサイトの種類が多岐にわたるため、広告主は教えられなければ確認できません。

知識のある広告代理店にとっては「説明しなくても分かるだろう」と思うようなことでも、広告主にとっては「説明されなければ分からない」のです。

きめ細やかなフォローができていない場合、広告主が「広告代理店は何をやっているのか分からない」「騙されているのではないか」といった不信感を抱く可能性があります。

・やった感のレポート提出は必要なし

だからといって、レポートを必要以上につくり込む必要はありません。

よくあるのは、媒体の管理画面からデータを抜き出し、分厚いレポートを作成するようなケースです。ネット広告代理店には形のある成果物が存在しないため、本書で提案しているようなパッケージ商品がない場合はレポートで代用するしかないのでしょう。

こうしたレポートをつくれば、確かに広告代理店にとっては「仕事をやった感」があるかもしれません。しかし、そのようなデータの羅列を見せられたところで、広告主は詳細まではチェックしません。

時間をかけてレポートを作成するよりも、一つ一つの報告は短くてもよいので、前述のように小まめに状況を伝える方が、よほど広告主は安心できます。

さらにいえば、前述の進捗管理表を作成していれば、そもそもレポートの作成自体も必要ありません。進捗管理表を広告主に提示して説明すればいいからです。

運用面で広告主が気になるのは、獲得単価と獲得件数、そして月末の予算の着地予想です。つまり「どの程度の予算を消化し、その結果どの程度の成約を獲得できているのか」、この2点を広告主は知りたいのです。

それ以外の細々したデータは、広告代理店が運用の根拠として活用すればいいだけの話です。広告主が広告代理店に期待するのは、運用すること自体ではなく、運用による結果であることを常に意識するようにしてください。

・広告主の許可を得て施策は事後報告にする

小まめな報告が大事とはいえ、広告内容を改善するたびに広告主にお伺いを立てる必要はありません。広告主にとっては煩わしく、広告代理店にとっては作業効率が著しく低下するだけです。

繰り返すように、広告主が広告代理店に求めるのは運用の成果です。成果が出るのであれば、広告内容にどのように手を加えても構わないというのが広告主の共通の思いでしょう。したがって取引をはじめる際に広告内容の調整を広告代理店の判断で行う旨の許可を広告主に得た上で、施策内容については事後報告するようにすればよいでしょう。

ただし、取り扱う広告内容によっては表現に規制があったり、関連法規との照合が必要だったりするケースがあります。その場合は、表現や規制に注意を払う必要があるのはいうまでもありません。

CHAPTER

9

ネット広告代理店事業を拡大する方法

STEP 1 ネット広告代理店事業を拡大する四つの方法

アーリーステージを脱し、事業展開を本格化させていくために

本書ではここまで、ビジネスチャンスに満ちたネット広告市場の説明からはじまり、ネット広告代理店事業のビジネスモデル、パッケージ商品のつくり方から運用方法まで、主にネット広告代理店を立ち上げて軌道に乗せるまでのプロセスについて述べてきました。

ここからは、そんなアーリーステージを脱し、事業展開を本格化させていくステージについてお伝えしましょう。

ネット広告代理店事業を拡大させる方法として、本章では主に四つの戦略を取り上げたいと思います。

①組織化する

いくら優秀な経営者でも、一人で抱え込める仕事量には限界があります。事業を立ち上げて軌道に乗ってくると、やがて自分一人では対応できないタイミングが必ず訪れるものです。そこで組織化が必要になるわけです。

ネット広告代理店事業における組織化のメリットは、必ずしも人材を抱え込む必要はない点にあります。もちろん正社員を雇い入れて社内体制を拡充させる方法もありますが、外部のブレーンを活用して広告運用をアウトソーシングする手段もあります。

あるいは当社が力を入れているのは、地方でネット広告代理店を開業する人を増やすという意味での組織化です。地方で事業を立ち上げたい人を支援し、地方のネット広告代理店業者を増やしてネットワーク化することで、組織で仕事を請けられるようになるのです。

このように組織化を進める上でも、パッケージ商品を運用するメリットはあります。パッケージ商品は提供するサービスや作業内容が明確なので、社

内外のスタッフやブレーンに任せやすいのです。

一人経営から脱し、組織化を本格的に考えようとしている経営者の場合、人材活用の最大の課題は「いかに任せるか」ではないでしょうか。「自分一人で抱え込まず、組織で仕事を回していくためにも、任せる大切さは理解している」「しかし、教えたり指示を出したりする手間を考えると、自分がやった方がよほど効率的で気持ちも楽」——そんな心境でしょう。口出しをせずに見守る難しさは、上に立たなければ分からない面もあります。

その点、パッケージ商品は運用自体が仕組み化されているため、教えたり指示を出したりする手間が最小限で済みます。社内で人材を雇い入れるにせよ、外部ブレーンに発注するにせよ、パッケージ商品があれば人に任せやすく、広告代理店事業を組織化して事業拡大を目指しやすいのです。

②広告媒体を増やす

検索広告で広告代理店事業をスタートした後、その他の動画広告やディスプレイ広告などに媒体チャネルを増やしていく戦略です。広告という面を増やしていくのです。

広告代理店事業のファーストステップで取り組みやすい媒体はやはり検索広告ですが、それ以外にも一例を挙げると、Facebook広告は比較的、運用がしやすいはずです。たとえば代表的なネット広告の一つであるYahoo!広告はYahoo! JAPAN以外の媒体にも掲載されるため、ユーザーの属性に一貫性がなく、ターゲティングしにくい面があります。それに対してFacebook広告は基本的にFacebookのみに掲載されるため、絞り込んだ属性に向けた訴求がしやすいのです。

媒体チャネルを増やすという意味では、マス広告を取り扱う方法もあります。しかもネット広告の運用で得たデータをマス広告の制作に活かすことで、表現の訴求力を高められるという利点もあります。

事実、当社でもネット広告の運用から派生して紙媒体の広告運用も手がけることがありますが、総じて高い広告効果を実証してきました。ネット広告から従来媒体に派生するメディアミックス展開もお勧めの方法です。

③サービスの種類を増やす

すでに本書で繰り返しお伝えしてきた内容です。見込み顧客を連れてくるのがネット広告の役割であり、見込み顧客に商品を買ってもらう役割がランディングページやホームページであるとすれば、ネット広告の運用から派生したサービスとして第一に挙げられるのは後者の改善です。

したがってネット広告の運用に加え、ランディングページ改善やホームページの制作請負などをサービスメニューとして用意しておくといいでしょう。

さらにサービス内容を充実させるならば、広告の運用に留まらず、広告主の販売委託業自体を請け負ったり、インバウンド業務を請け負ったり、SEO対策やGoogleマイビジネスをはじめたりといった展開もあります。

④自社ビジネスをはじめる

広告代理店事業で蓄積してきた経験やノウハウをもとに新規事業を立ち上げる方法も当然あります。たとえばネット広告の運用ノウハウを教えるセミナー事業を立ち上げたり、当社のようにノウハウを書籍化したりと、様々な事業化のアイデアが考えられます。

事業を多角化する際の目的は経営者によって異なると思いますが、やはり基本は本業との相乗効果に主眼を置くべきだと考えます。蓄えてきた知見を本業であるネット広告代理店事業の拡大につなげていく、そのために新機軸を打ち立てる意味で自社ビジネスにチャレンジする価値はあるといえます。

STEP 2 事業拡大後の出口戦略の一環で売却も

広告関連事業を切り分けて子会社化するハウスエージェンシー

前項では組織化の展開として、社内体制の整備と社外へのアウトソーシングの二つの方法をお伝えしましたが、第三の選択肢としてハウスエージェンシーを立ち上げる戦略もあります。

ハウスエージェンシーとは親会社の広告代理店業を中心に行う広告代理店を指します。日本では大手企業を中心に広告関連事業を切り分けて子会社化する動きがあります。

広告代理店事業を分社化する目的は企業によって様々ですが、総じて独立採算の意識を子会社に持たせる狙いがあるようです。独立企業としての経営成績が問われることになるため、利益やコストなどの損益の意識が強化されるのです。

加えて意思決定のスピードが早くなり、時代の動きに即応した経営が可能になるといった期待もあるでしょう。

中小企業に限れば法人税の軽減税率を利用できたり、交際費の限度額をグループ全体で拡大させたりといった節税メリットもあります。

以上は広告関連事業に限らず、事業部を分離独立させる際の一般的なメリットといえますが、その上で広告関連事業を子会社化する利点としては、親会社の広告運用で蓄積したノウハウを他社広告の運用代行に活かせる点も挙げられます。

たとえば、治療院は地域密着型のビジネスなので、自院のネット広告の運用スキルを他のエリアの治療院に転用しやすいメリットがあります。事実、広告代理店事業を分社化し、他院のネット広告の運用代行で成果を上げた治療院もあります。

子会社化すれば売却という出口戦略も見えてくる

子会社化したハウスエージェンシーがある程度利益を出せるようになると、グループ全体の事業規模の拡大に貢献できる他、企業の考え方によっては売却という出口戦略もありえます。

子会社をＭ＆Ａで売却すると売却益が入るため、その利益を本業の強化に当てたり、新たな事業の立ち上げに充当したりといった企業戦略に活用できるのです。

売却という出口戦略は特殊な事例かもしれませんが、事業部を分社化してグループ経営に持ち込む展開自体は日本では一般的です。近年はホールディングス制を採用する企業が増えていることからも分かるように、グループ経営は日本の企業文化ともいえるでしょう。

企業の経営戦略としてネット広告代理店事業をどう立ち上げ、どう育てていくか、その参考にしていただければ幸いです。

CHAPTER

10

ネット広告代理店社長と語る「事例対談」

CASE 1 独立1年目で会社員の収入の倍以上。増収増益、5期目の年商1.5億円。ネット広告代理店業を地盤として、さらなる横展開を目指す！

【Profile】
株式会社 Tumugu（ツムグ）　https://www.tumugu15.co.jp/
代表：村上能宏（37歳）
所在地：大阪市

会社員から独立し、個人事業主を経て起業

――村上さんは、会社員時代からネット広告に関わり、独立後も順調に拡大していますね。今どのような状況か、教えてもらえますか。

はい、独立して6期目に入ったところです。副業の個人事業主時代を含めると7年目ですね。

一人社長として、5期の年商は、1.5億円くらい。おかげさまで、増収増益です。

顧客は月30社前後が稼働していて、業種はクリニックや鍼灸院などのリアル店舗、専門学校、EC系などいろいろです。本社は大阪ですが、顧客は関東が多く、メールや電話でのやり取りが中心です。

――顧客の広告予算は、いくらですか。また、村上さんはネット広告代理店として、どれくらい働いていますか。

月4万円のところから、600～700万円まで幅広いです。

月に稼働している時間は70～80時間くらい。簡単な作業だけは、外注さんたちに任せて、チームで動いています。

独立に至る思い、家族の反応

――そもそも、ネット広告代理店をはじめたきっかけは何ですか。

サラリーマン時代から10年弱、インターネット広告会社でいろいろな経験を積んできました。会社員だとできることに制限もありますが、よりクライアントの利益になることをしたいと思って。また自分の給料も上げたい、力を試したいと思い、副業からはじめ、独立に至りました。

副業開始の頃は顧客もゼロだったので、LancersやCloudWorksを使いはじめました。その頃は、クラウドソーシングのサービスははじまったばかりで、広告営業をしている人はあまりおらず、順調にクライアント獲得ができました。独立する際に想定していた「新規営業のしんどさ」は、あまりなかったですね。

――家族から反対はありましたか。

独立したいんだという話は、独立を考えだした頃から、妻に伝えていました。実績がないと不安だから、副業でやってみるという説明をし、毎月の売上報告を逐一しました。今でもしています。

副業として、1年くらいで会社員の2～3倍くらい稼いだ時は、「よくやったやん」という顔をされ、専業に舵を切ることができました。

――それはよかったですね。実績を積み重ねるのが大事なのは、顧客と同じですね。

そう、実績を出すのが重要。

継続促進のための努力が必要

――では、実際にネット広告代理店をはじめて、思っていたこととの違いやギャップなどありましたか。

新規顧客を獲得した後、継続率を上げ、継続年数を稼ぐことが、やはり、大切ですね。サラリーマン時代の経験として、一般のネット広告代理店の顧客継続年数は、平均して1年、長くても2年くらいでした。しかし、うちのサービス・広告事業では、平均して4年くらいで、長いクライアントだと、個人事業主当時からの方もいますので、7年目という方もいます。継続年数を積み上げるための努力は、常にしています。

ネット広告代理店事業をしている人で、管理画面上の数値しか話せない人が多い気がしています。自分は、それを脱却したいなと。実際の売上にどう貢献しているか、問い合わせから成約しているかなど、実数の部分でのヒアリングを適時しています。積極的に情報収集をし、どう広告運用に転嫁させていくか考えます。

今はほとんど営業をしなくても、紹介で案件が来ます。事業の地盤を固めていくことができています。

どこまで顧客のビジネスに踏み込むかは悩みますね。こちらはよかれと思っても、やり過ぎると負荷もかかりますし。期待をどう調整するかは、課題です。ただ、自分は顧客と常に同じ目線で、パートナーとして仕事をしたい。下請けといういい方は嫌なので。

——そこは、サービスレベル品質の話でしょうか。広告代理店として受けられるラインを超えるのは、相手はありがたいけれど、こちらの負荷になる。ポイントは、お金かと思います。提案をした時に、普段の広告手数料で賄うのか、別に請求するのですか。

うちの広告運用手数料は、相場よりも、安いと思います。創業当時に、新規顧客獲得のために、安くしていたというのもありますが、その後の価格改定は行っていないので、安いままです。

ただ、だからといって、負荷になる分を追加提案で別途請求ということはしないです。お金で解決するのではなく、信用・信頼をもとにできる・できないを考えて、それを相手に率直に伝えます。それで契約が切れるのなら、そこまでという感じですね。

——基本的にはやれる範囲の予算のなかで、やっているのですね。

はい、クライアントと平等。常に同じ目線で仕事する、パートナーとして仕事するイメージです。

場所を問わず、安定性があるネット広告代理店事業

——対等な関係の構築ですね。ではネット広告代理店をしていて、よかったと思うことは何ですか。

仕事をする部屋があれば、どこでもできることですね。

ブロガーやネット物販に比べると、収入が積み上げられる点も魅力です。

ビジネスの安定性があるので、ここから横展開もしやすいですね。ツールとして、インターネットの知識は今欠かせないですし、ネット広告は、いわば「集客ツール」なので、その「集客」に関するスキルが身につきますね。

——今後、どのようにネット広告代理店事業を拡大する予定ですか。

ネット広告代理店は、本業として続けていく予定です。今後さらに地盤強化をし、サービスクオリティを高めつつ、現在も行っている物販をはじめ、他事業への展開も加速していきたいと考えています。

重視するのは、「いかに、仕組み化できるか」。もっというと、自分が主導で動かなくとも、売上・利益が増え、展開できるか。それを考えて、実行しています。

現在のところ、アフィリエイト事業も展開できるようになっており、着実に売上を伸ばしています。自社コンテンツの販売も考えています。かなりノウハウが貯まっており、外部に公開して販売できればよいなと。

着実に、真面目に、地盤をつくる

――最後に、ネット広告代理店に向いているのは、どんな人だと思いますか。

地味な人ですね。管理画面を見て、数字を見て、ニンマリしているような人。まあ、着実な人ですね。我々のような一人社長でやっているネット広告代理店は、組織と違って爆発力は乏しいですが、数億の予算の顧客をつかむのは難しい。しかし、着実に伸びますし、地盤をつくることができます。

また、やる気が大事。新規の獲得は自分でしなければならないから、しんどいです。営業スキルも必要ですね。

自分の強みも、地味に、真面目なことです。やった方がよいことを愚直にこなしています。一つの行動、一つの調整が顧客に貢献しないのなら、そういいます。そして顧客との関係は上下ではなく、顧客の情報・提案の方がよければ、素直によいといいます。期待されるのなら、最大限の努力をして、誠心誠意対応します。毎月のレポートも手を抜かず、着実に報告・改善します。地味な強みですね。

ネット広告代理店は自分にとって一言でいうと、地盤ですね。

CASE 2 副業から独立、地域企業に特化し地元・埼玉に貢献。冊子配布で、新規顧客を開拓し、コンサルティングとネット広告のパッケージで顧客の売上UP！

【Profile】
株式会社ビジョンワーク　https://visionwork.co.jp/
代表：田中亮一郎（46歳）
所在地：埼玉県越谷市

会社員から副業を経て約15年のネット広告経験

――まずは、田中さんの自己紹介をお願いします。

埼玉県越谷市で、地元の中小企業向けコンサルティング型ネット広告代理店事業をしています。

会社員時代も含め、ネット広告には約15年関わっています。もともと企業の広告デザイナーでしたが、中小企業の顧客からの依頼に応え、ホームページ制作、SEO対策、広告代行と何でも担当するなかでWebマーケティングに詳しくなりました。集客・SEO・広告など広範なスキルを使って、副業で自分のビジネスを立ち上げ、2019年に法人設立、現在は独立し専業です。

他のビジネスもやっており、ネット広告代理店事業としての顧客は10社程度、初年度利益は300〜400万円です。

ネット広告（＝集客システム）をコンサルで提案

――デジマチェーンでも、コンサルティング型ネット広告代理店についてお伝えしていますが、田中さんの事業は、まさにその形ですね。ビジネス

モデルについて教えてください。

そうですね、ネット広告だけでなく、コンサルティングをメインサービスとして相談を受けるなかで、売上アップのためのホームページ集客システムとしてネット広告を提案する流れが多いです。そもそも「ネット広告とコンサルティングのパッケージ商品」は、西さんからのアドバイスで、それをしっかりと形にしたのが今の事業です。

――私のアドバイスがきっかけとは、嬉しいお言葉です。確かに、最初から「広告がやりたい」という企業は少ないものです。「無料で集客したい」という相談が多いのでは。

その通りです。皆さん最初は、「広告はやらないよ。お金、払うんでしょ？」とおっしゃいます。ですが、SEO対策には手間や時間が必要で、実は相当なコストがかかることを説明すると、ほとんどが「広告の方がいいね！」となります。

――「SEOなら無料で、自分で集客できる」と思われがちですが、SEOにかかる人件費や時間などのコストは理解されていないですよね。広告主にネット広告の知識がないという現状もあります。

「広告をやりたい」ではなく「Webを使ってうまくやりたい」という相談が多く、ネット広告について知らない方がほとんどです。

広告代行の相談の場合は、他の広告代理店を使うなどで、すでに広告を出稿しているが、うまくいっていない方々です。

新規顧客は、情報冊子配布で開拓

――他の広告代理店に不満がある方が、田中さんに相談にくるのはなぜですか。

紹介も多いですが、新規顧客を開拓するため冊子を配布しており、そこから相談につながります。「成功率100％【ホームページ売上UP　三つの法則の全貌】」という冊子で、私のノウハウを解説しています。イベントで配布する他、ホームページで無料プレゼントをしており、ダウンロードではなく郵送することで、成約率の高い見込み客を獲得できています。10冊配布すると、3名の方が相談にきてくれる、という状況です。

――なるほど、新規開拓もシステム化されているのですね。全国展開も可能なビジネスモデルですが、地元企業を顧客にする理由は何ですか。

生まれも育ちも埼玉県で、「地元の役に立ちたい」という思いからです。業種は問いませんが、同じ商圏の同業は顧客にしないなど、競合には気をつけています。

独立で時間的・精神的自由を実現

――ネット広告代理店として独立して、よかったことは何ですか？

解放感はすごくありますね。ネット広告代理店だからこその時間的・精神的自由です。サラリーマンはストレスとの戦いですし、副業では夜中に対応せざるを得なかったので、独立後は、よりしっかりと自分の事業をできています。

ネット広告自体を知らない方が多いので、しっかり説明すれば成約に至ることが多く、ネット広告代理店は潜在的ニーズが大きい、これから伸びる業種だと実感しています。Webの集客の柱であるネット広告のスキル・経験自体にも価値があると思っています。

――稼働時間は1ヶ月どれくらいですか。

ネット広告代理店としては、対面の打ち合わせや移動時間、実務など含め1日平均3～4時間、1ヶ月に約80時間です。

他のビジネスもあり、働いている時間はもっと長いですよ。

――ネット広告代理店として、また独立に際しての課題など教えてください。

独立の際は、毎月の給料がないことなど不安はもちろんありました。

実務は大丈夫でしたが、新規の集客・受注・契約、法人相手の運用の注意点などは全然分からなかったですね。そのあたりは、西さんからいろいろ教えていただきました。

独立に向け、家族の理解を得るには

——副業も独立も、家族の理解が欠かせないと思うのですが、ご家族の反応はどうでしたか。

いきなり独立は無理ですよね。家族の理解は必要なので、妻にビジネスの内容はよく相談しています。私は、事業に安定感が出てから独立したので、反対は特にありませんでした。

今は家で仕事することも多く、時間の融通が利くので喜ばれています。家族が話しかけてきて仕事にならず、外出することもありますが、それもいいんでしょうね。

——今後、どのように拡大していきたいですか。

地元企業の売上アップがゴールなので、コンサルティングをメインにして、広告だけでなく、ホームページの見直し、商品戦略の見直しなど、より深く顧客のビジネスに関わっていきたいです。

案件ごとに手間がかかるので、急拡大はせず、クラウドソーシングなど外部リソースを活用しながら、少しずつ大きくしていこうと考えています。

幅広いスキルと知識で、中小企業にアドバイスを

——ネット広告代理店に向いている人はどんな人だと思いますか。

数字に強いというイメージですが、それだけでは長期的なビジネスとして厳しい。マーケティングへの興味、商品戦略、ホームページ、SEOなど全般的なスキルと知識が必要だと思います。

――専門性より汎用性、特定の広告媒体だけ、数字だけでは限界があるということだと思いますが、そう思われるのはなぜですか。

会社員時代からいろいろな企業を見てきましたが、ホームページだけ・広告だけなど一箇所でうまくいく事例はありません。たとえば、よくあるのは「かっこいいホームページなら集客できるでしょ」と制作会社にホームページをつくってもらってそのまま……といった例。

ホームページも上手、広告も上手な中小企業はほとんどないので、「分かりやすいホームページの方がコンバージョンする場合が多いですよ」「ホームページには集客のために広告が必要ですね」「そもそも必要なのはホームページでなく売上UPですよね？」など全般的にアドバイスできる広範な資質が必要なのです。

――売上にコミットするというのは素晴らしいですね。私も、ネット広告代理店の目指すべき方向として、ゆくゆくは経営全般の知識を身につけ、顧客の相談に乗るコンサルタント的な役割を担うべきと思っています。本日は、ありがとうございました。

CASE 3 Webマーケティングを総合的に提供し、成果報酬でビジネス獲得広告を売るのは難しくない。すべてが数字で説明できる！

【Profile】
株式会社ロイド　Royd,Inc.　https://royd.site/
代表：髙野友生（37歳）
所在地：滋賀県草津市

多様な業種に、マーケティング戦略を提案

――御社のことについて、紹介していただけますか。

当社は、Webマーケティングの事業をしています。10年以上前の創業時はメディアの広告枠を売っていたのですが、うまくいかなくなった時に、商品やサービスが売れる理由をしっかり理解すべきと気づき、マーケティングを勉強しました。

13年目となる今は、美容・健康系のネット販売はもちろん、士業、教育、不動産など様々なお客さんがいます。集客・販売・宣伝をしたいという要望に、インターネットではこういうことができますよと、マーケティング戦略を提案しています。

――高野さんの場合、ネット広告販売というより、広義の意味で集客支援をされていると認識しています。

集客をしなければ、ものは売れない。マーケティングの基本中の基本で、まずは知ってもらう必要があります。そのために不可欠なのが、広告です。

何もせずに、たとえばSEOだけで人を集めるという時代ではない。広告を

出せば早くレスポンスが返ってくるので、対策が打てます。

――全体設計から入り、必要なものを提供されるのですね。お客さんから「はじめは無料でやりたい」といわれることはありますか。

そういう方も、おられます。でも、「無理です」といいます。売上を上げたい、集客をしたい、けれどお金をかけずにやりたいは、都合がよすぎます。

ムッとされることもありますが、儲けてもらうために何が必要なのか、ハッキリと提案します。それで納得される方がほとんどです。それでも無料でやりたい、という方はいないですね。

人材派遣の営業から、インターネット業界へ

――そもそもネット広告代理店をはじめたきっかけや、ご家族の反応を教えていただけますか。

20歳から、人材派遣会社の営業職で頑張っていました。おかげさまで出世も早く、23歳にはそれなりの役職につきました。しかし楽になり、仕事に熱も入らなくなった時、小さな人材系の会社にヘッドハンティングされました。そこで一番の営業ができたら、自分で商売してみようと考えました。商売をするならこれから成長するネットビジネスがよいと考えていました。2006年頃でしたが、ライブドアブログやアメーバブログが流行していました。自分でもブログをやり、広告主と話して反応がよかったので、そのまま独立しました。

昔、父親が商売をしていたのですが、詐欺にあって倒産し、僕は貧乏な家庭で育ちました。起業するというと、母親に泣かれましたし、兄弟からは「お前は何を考えてるんや」、「おかんの苦労を見てへんかったんか」といわれました。しかしよくも悪くも父親の血を継いでいるのか、やると決めたら猪突猛進、家族には迷惑を絶対かけないと伝えて、反対されたまま独立起業しました。しばらく口を利いてもらえなかったですが、今では母親も諦めているというか、応援してくれています。未だに「サラリーマンに戻れ」とはいわれ

ていますが。

オンラインで、最初の顧客を獲得

――もう、雇う側ですけどね。独立されて、どう顧客獲得をされましたか。

自分で広告を打ちました。「インターネットマーケティングをします」という広告を出し、独学で最適化しました。起業当初はテレアポもしていましたが、マーケティングを仕事にすると決めた時、自分たちがネットで集客できなかったら提案できないと思い、止めました。最初は全然ダメでしたが、諦めずに、なぜダメか、なぜ来なかったかを考え、頑なにオフラインでは営業しませんでした。

また、はじめてのお客さんには、マーケティングをはじめたばかりですと正直にいいました。成果が出るか分からないけれど、やらせてくれと。固定費はいらないので、儲かったら、そこから利益をくださいと。

今でもその名残があり、成果報酬のみで仕事を受けています。実費は相談しますが、固定で毎月はもらっていません。

――成果報酬は、どのような仕組みですか。

たとえばこの商品は、原価と利益がどれくらいなので、広告費をこれくらいかけられますね、と。経常利益の何％くださいと、最初に話します。

――まさに経営相談ですね。実際に売れた、利益が出たと教えてくれるのですか。

もちろん、確認できるようにしています。物販であれば、毎月在庫を確認します。

今月追加で発注するので、キャッシュが必要なら広告費は抑えようという話もします。お客さんの立場になり、お客さんの利益を考えることが大切です。

多種多様な業種のお客さんがおり、広告の出し方も変わります。どういう広告がマッチするのか考えて提案しなければいけないので、毎回、悩みます。たとえば美容商品でも、40代女性と20代女性向けでは、訴求点が全然違います。環境も懐事情も変わるので、広告も記事も異なります。テストするしかないです。

——ネット広告は、お客さんへの説明の仕方が難しいという人もいます。高野さんはいかがですか。

僕はネット広告を売るのが困難だと思ったことがないです。

インターネット広告は、何人が見て、何人がクリックして、何分このページに滞在して、どこで離脱をしたか、何回来て何人成果につながったかなど、全部数字に出ます。コンマレベルで。

説明しやすい。売りやすいと思います。

近江商人として、とにかくお客さんのことを考える

——ネット広告を取り扱ってよかったことは、何ですか。

お客さんの売上や利益が上がり、「今度こういうことがしたい」と、前向きな相談が来た時です。最初の相談があり、それがヒットして、そのキャッシュで今度この商品もやりたいといわれれば、提供したサービスに満足していただけていると分かります。

当社は、滋賀県創業です。「近江商人十訓」にあるように、とにかくお客さんのことを考えています。そうすると、お客さんがお客さんを紹介してくれます。ここ数年、新規は100%、既存のお客さんからの紹介です。

——喜んでもらえるのが、一番嬉しいですね。今後はどうお考えですか。

どんどん拡大したいという気持ちは、今はないです。目の前のお客さんの売上利益の最大化を、愚直に目指します。そうすれば、必然的にこちらの売上も上がりますので。

ネット広告代理店に必要な素養は

――ネット広告代理店で独立をするのは、どんな人が向いていると思われますか。

独立をすると、サラリーマンとは違います。「何時間働いた。一生懸命頑張りました。だからお金ください」が通用しない。マインドが大事です。

また、ネット広告は、数年でゴロッと中身が変わります。1年前にやったことを今やっても、うまくいかない。Google広告でいえば、最適化の内容やターゲティングの方法も変わるので、それについていけて、調べることが苦にならない方。理系の方が向いていると思います。

――数字が多いですね、広告関係は。そもそも測定の仕方が間違っていたら、終わってしまう。

理科と数学が好きな人。僕は、大っ嫌いでしたけれど。

厳しくなるコンプライアンスをどう見るか

――僕もです。最後の質問です。昨今、コンプライアンスが重視されています。消費者保護の点もあり、国も広告主も、意識が高まっています。どう思われますか。

今まで、薬事法に引っかかっている書き方でも、広告が打てました。そこを締めるのは、真っ当にやってる僕らからすれば、至極当然のことです。広告を出しにくくなった、というのも正直ありますが、企業努力で考えます。

法律をくぐり抜けようとする業者はいますが、結局長続きしない。お客さんのためにもならない。これからもっと厳しくなると思いますし、そうあるべきです。

――合わせていけない人たちは落とされていく。それが業界健全化であり、長く続けていくためのものですね。

短命ですね、そういうことをしている人たちは。

——続けていくために、守るべきものは守っていくことは重要ですね。

CASE 4 リスティング広告がすべてのベース顧客心理をつかむ、スピードと特別な接客対応！

【Profile】
スリードット株式会社　https://three-dots.co.jp/
代表：二川泰久（35歳）
所在地：大阪府大阪市

ホテルの運営やコンサル、生命保険の法人営業を経て独立起業

——御社のことについて、紹介していただけますか。

スリードット株式会社の二川と申します。

主な事業はコンサルティングで、クライアントは街の医科・歯科の先生がメインです。ご紹介で、それ以外の業界の方にも顧客層は広がっています。「とにかく売上を上げましょう」という、コンサルティングです。

——コンサルをしながら、サービスの一つとして広告代理店業があるという感じですね。

はい。今は何か一つをやって、売上が伸びるという時代ではない。優先順位はありますが、いろんなことをやっていかないといけない。

我々は「ベース戦略」と呼んでいますが、支援に入る時に必ずやることがリスティング広告です。その後、売上が増えるまでは、様々な集客手段を実施します。

——独立される前は、Web業界ではなかったとか。

大学卒業後、新卒でホテルの運営会社に入りました。ベンチャー企業で、6年半在籍しました。前半3年はホテルのフロント現場、後半は本社で、うま

くいっていない他社ホテルのコンサルをしていました。

その後ソニー生命保険株式会社に移り、4年3ヶ月、法人保険のノウハウを学びました。

次に東京の経営コンサルティング会社に移り、1年半後に独立しました。Web業界歴は、そこも含めて4年くらいです。

――ご自身の会社、スリードットの状況を教えていただけますか。

スリードットの年商は、約3,000万円。顧客数は全部で30社ぐらいです。コンサルティング報酬は、月10万円のところもあれば60万円もあります。広告宣伝のリスティング運用額は月15万円程度のところもあれば、月300〜400万円のところもあります。

――コンサルティング報酬は固定で、広告代金に連動していないのでしょうか。

固定です。たとえば今、大手企業のリスティングをどんどん受けていますが、月によって広告費が変動するので、コンサルティングは固定です。

リスティング広告で独立を決意

――独立されたきっかけ、もしくはネット広告をはじめようと思ったのはなぜですか。

自分は組織に属せない人間と理解しており、独立することは決めていました。

意思決定できないのが、嫌なんです。上司にお伺いを立てたり、稟議書がいるなどは僕のスタイルに合わない。最初に勤めたベンチャー企業は6年半で人も増え、組織ができて。はじめの頃は「社長アレやっていいですか？」「いいよ」で済んだのに、やれ稟議書を書かねばならない、書き方を間違えている、と差し戻されて。

今、手伝いのスタッフはいますが、僕一人で仕事をしています。

独立して何をやるかを考えた時、Webが頭にありました。

僕は、セミナーでもお客さんに「検索結果画面のシェアを取る戦略」を伝えます。得意はSEOですという会社がありますが、今は特に店舗系ビジネスならSEOで上位表示は難しい。上に出るには「広告」が必要です。ここを極めないと、その商圏エリアで勝てない。そこに気づいた時、「リスティング」で独立すると決めました。

リスティングだけやってほしい、という問い合わせもあります。今までは受けなかったのですが、簡素化してできるやり方を学び、少額でも売上を得ています。

紹介を得やすいコンサルティングの形

――顧客獲得は、どのようにされていますか。独立されて一番はじめのお客さんは。

紹介です。以前いたソニー生命保険株式会社は営業マンの集団で、自分より人のことを考える集まりでした。僕の事業は「売上を上げる」ことで、紹介しやすい。「経費を削減して、利益を出します」「組織を改善します」など、成果の見えづらいコンサルティングはたくさんありますが、「売上を上げる」は、なかなかできない。紹介する側もやりやすい。

今は紹介に加え、ホームページ経由でも問い合わせが来ます。トップページのファーストビューに、キャッチーな言葉を入れると、それで引っかかってきます。みんな情報を、探しています。僕の会社では集客をうたっているので、集客相談の問い合わせです。

ネット広告を受け入れてもらうには

――売上を伸ばす手法として、ネット広告を提案した際お客の反応はどうですか。

ウケは、間違いなくよいです。顧客は、ネット広告に対する情報が少ない。

さらにいうと、過去にうまくいかなかった、広告代理店に騙されたという人の方が、やりやすいです。過去のイメージを払拭するのは、すぐできます。

何もやったことがない人が、広告を開始するのはハードルが高い。西先生に教えてもらったように、まず3万円からテストしましょう、紙面媒体に回していた広告予算を回しましょうと、とにかくスタートさせる必要がありますね。

――課題はありますか。

難しいのは、「認識がすり替わる」ことです。

最初の打ち合わせで、「今回の戦略は、このランディングページにアクセスを増やしましょう」となったとします。ランディングページが稼働していなければ、まずはここにアクセスを増やすことが重要で、問い合わせにつながるかどうかは次の話です。僕には自然な会話で、はじめての人にも説明をして、その場は分かったといわれます。

でも、1ヶ月後に「1件も問い合わせが来ていない」となる。お客さんは最終ゴールしか見ていない。戦略上のKPIを、理解してもらわないといけません。

僕は人間力というか、コミュニケーション力でカバーをしています。これが、人に任せられないなと思うところですね。

――今の事業をやって、よかったことは。

いろいろな業種・業界に携われるので、情報が蓄積されることです。

今さら私に、歯科医院は経営できない。通販会社を持つのも時間がかかる。それらはお客さんがして、アカウントの中身はこちらで管理すると、全部の情報がうちに集約されていく。それを新たなお客さんに還元できる、これがメリットです。やったことがないビジネスでも、経験があるようにコンサルできる。

昨日も、とある企業様から問い合わせがきて、契約になりました。「過去の事例を我がことのように喋る」、そうすれば契約になりますね。

顧客の心をつかむコミュニケーション

――多くの方の課題は、初回の顧客獲得や顧客とのコミュニケーションです。二川さんはどういう風にされているか教えていただけますか。

さっき、とある企業様が契約になったといいました。これは昨日、口頭で「やる」といわれただけです。

その日の晩から、僕はバンバン連絡を入れています。支払いのサイクルは確認していますが、契約書などの話はあまりしない。先方は、「こんな時間までお仕事やってるんですか？」と驚いていました。こんな時間といっても10時くらいですが、「遅くまで仕事をバリバリされる方と組むと、うまくいきそうな気がします」と返事が来ました。

今日も朝6時から、メールを送っています。こんな時間からうちのことを考えてるって、思ってくれるじゃないですか。

お客さんに対する見せ方は、意識しています。特に最初。契約して最初。システムを入れているので、毎日のレポーティングはすぐできるのですが、「社長だけ、毎日チェックしています」といういい方をして、送っています。ちょっとした見せ方で、全然変わってくると思います。

とある教育機関の理事長先生に「二川さん、神様ですか？」っていわれました。僕からは「もしかしたら神よりすごいかもしれません」と返信し、仲よくなったこともありました。コロナの影響で政府から自粛要請が出て、3日後のイベントを中止することになったのです。理事長先生は出張で、対応できなかった。連絡が6時に来たので、僕は6時2分にそれをホームページにアップしました。すると、理事長先生から「神様ですかー」と。どうでもいい話は対応しませんが、3日後に迫ったイベント中止は、早く関係者に伝えないといけない。それはやります。

――今後の事業は、どうお考えですか。

専門性を持たせることが大事なので、歯科医院のリスティング代行会社など、特化することを考えています。切り口を変えるだけで、やることは一緒ですし。

今、歯科衛生士がつくるサイト制作会社が存在しているのですが、「歯科衛生士が」というだけで引っかかるんですよね。

——最後に、ネット広告代理店に向いている人はどんな人だと思われますか。

説明できる人だと思います。「目線を合わせて、ちゃんと説明できる」ことが大事です。面倒くさがったら、トラブルになります。

顧客は知識がない、こっちがプロということを理解する。CPAなど、専門用語を使ってはダメ。分かりやすい言葉で。どんな質問が来ても、根気よく説明できる人が一番向いていると思います。

CASE 5 副業アフィリエイトで得たスキルでネット広告代理店開業。見込み客獲得などホームページ集客が強み！

【Profile】
合同会社ADMIL（アドみる）　http://admil.biz
代表：樋口真之（33歳）
所在地：神奈川県横浜市

副業で磨いたスキルで会社設立、ネット広告代理店とアフィリエイトを両立

――樋口さんの自己紹介をお願いします。

会社員としてシステムエンジニアをしていた2012年に副業でアフィリエイトなどのネット事業をはじめ、自分のビジネスへの集客のためにネット広告もはじめました。2016年に合同会社ADMILを設立して、会社を辞め専業となりましたが、ネット広告代理店をスタートしたのは2017年後半、知り合いから「ネット集客できる人を探している」と、ある企業を紹介されたのがきっかけです。

広告運用は、Yahoo!などの検索広告やSNS広告をメインにやっています。神奈川県横浜市在住です。

強みは集客力。ネット広告で顧客企業の見込み客獲得

――ネット広告代理店事業の顧客は、どのような企業ですか。

直接、商品などを販売するホームページではなく、展示会への来訪客確保、興味を持った人のメールアドレス取得など、見込み客の集客が目的の案件が多いです。顧客企業の営業が動くための見込み客リストをつくる感じですね。

ホームページに集客する広告を運用しつつ、費用対効果がよい広告を提案したり、効果的なホームページを制作できるようアドバイスするなど、顧客と一緒に相談しながら改善していくやり方です。

——樋口さんは、顧客企業をどのように開拓しているのですか。

実は、すべて既存顧客の皆さんが紹介してくれた企業ばかりで、まったくの新規は受けていないんです。

——それはすごいですね！　紹介を得る秘訣や心がけていることがあるのでしょうか。それとも、樋口さんのお仕事ぶり、よい結果が出るから自然に紹介が来るのですか。

秘訣というより、自然な流れだと思います。それまで自社でやっていたネット集客を私に依頼した企業が、うまくいったので周りの方を紹介してくれて……という感じですね。

ネット広告代理店の魅力は安定感、やりがい、スキルアップ

——ホームページでの見込み客獲得は、結果が一目瞭然で厳しい面もありますよね。そのなかで、紹介したくなるほどの結果を出し続けているのは本当に素晴らしいです。ネット広告代理店として3年目とのことですが、広告代理店をやってよかった点は何ですか。

それまでは、アフィリエイトをメインとして成果報酬型が多かったので、ネット広告代理店として毎月ある程度定額で売上がある、いわゆるストック型の事業もあるのは、心の安定と事業の安定、両方に効果があります。売上が読めることで、安心だけでなく、将来の投資スケジュールを判断できるなど積極的な事業展開もでき、ビジネスモデルとしてよいですね。

「売上がアップした」「ポジティブな反響があった」など顧客に直接貢献でき、しかも、そのフィードバックを直接もらえることにも、大きなやりがいを感じます。

――アフィリエイトなど成果型事業は、大きく売れることもあるが、売上予測ができにくい。広告代理店事業は突然大きく伸びることはなく、地味な売上ですが、事業のベースになります。そこに魅力を感じているということですね。

そうですね。他にも、成果報酬と広告運用では、実際の業務も異なるので、幅広い経験が積めますし、顧客への説明など他人に教える場面もあり、自分自身の学びも深まる、再学習できるのもよい点だと思います。

――逆に、ネット広告代理店事業で難しかった点はありますか。

広告運用の技術面は、それまでの経験で問題なくクリアできましたが、成果を上げること以外の、顧客との折衝などが難しかったです。サービス価格や導入ステップ、データ開示の手法など、サービスレベルの決定には悩みました。

たとえば、広告管理画面にはノウハウがつまっており、見せ過ぎてもいけない。でも顧客には理解してほしい。「じゃあどこまで出すか？」といったことや、サービス終了後のアカウントについて、自分の持ち物として提供しないやり方もあるし、買い取ってもらうやり方もある。自分と顧客、双方にとってよい方法は何だろうと、最初は都度大変でしたし、今でも試行錯誤しています。そのあたりは、西さんのネット広告代理店講座で紹介されていた事例がとても参考になったので、大いに活用させてもらいました。

顧客対応をルール化し、快適な仕事環境を実現

――ありがとうございます。サービスレベルについては、皆さん、とても悩まれる部分ですね。何か、具体的に困った事例などありましたか。

顧客とはチャットで連絡していますが、以前は夜中の2〜3時に「対応してくれ」と突然連絡が来るなど、気が休まりませんでした。

今は、平日9〜18時の連絡は当日中の対応、それを過ぎたら翌営業日以降、とルールを決め、皆さんに周知しているので快適に対応できています。

——独立された経緯なども、ぜひお聞きしたいです。樋口さんは、もともと、独立志向だったのですか。

独立志向はまったくありませんでした。

実は、前職は業績が不安定で、リーマンショックや震災など社会情勢が変化するたびに、社員の生活をおびやかすような大きな影響もありました。そういった環境で、次第に危機感を抱きまして、会社に頼るのではなく、自分で稼ぐスキルを身につけるべきだという思いで、ネット事業をはじめました。

様々な教材費や、アフィリエイト集客のための広告費などは、もちろん自分で出費し、必要なスキルや知識は自力で身につけました。

——独立について、ご家族の反応はいかがでしたか。

独身なので、家族というと親になりますが、独立したのは30歳頃でしたし、独立後に報告した程度です。

独立でも転職でも、35歳までにはキャリアの方向性を定めたかったので、年齢的なタイミングで決断しました。

ネット広告代理店に必要なのは、インプットアウトプットの継続

——独学からはじめて、会社設立まで実現された樋口さんから見て、ネット広告代理店に向いている人はどんな人だと思いますか。

ネット広告代理店だけなら一点集中型、コツコツこだわってできる方だと思います。広告についてすべてをしっかり理解し、どんどん変わっていく新しい情報にもついていく。飽きてしまい長続きしない方も多いですが、常にインプット・アウトプットできる職人的な方は向いているのではないかと。

アフィリエイトは逆で、広く浅くいろいろな情報を取り込むイメージです。どちらも、もちろんやることは多いですね。

——おっしゃる通り、ネット広告代理店とアフィリエイトでは、やり方も違

いますよね。最後に、今後どのように事業を拡大したいかお聞かせください。

一人で対応できる範囲を守りつつ、広告代理店というより、集客コンサルタントとして、集客全般の相談をより幅広く受けていきたいです。

資金力がない顧客も多いので、たとえば、広告に使える助成金の情報など、費用のハードルを下げ、ネット広告を活用しやすくなる提案を重ね、ネット広告の力を一人でも多くの方に実感してほしいと思っています。

CASE 6 航空会社・新聞社など大企業がクライアント。デジタルマーケティングコンサルタントとして月1000万円以上の広告予算も運用！

【Profile】
株式会社CreGrow（クレグロウ） https://www.cregrow.co.jp
代表取締役：西本雅則（37歳）
所在地：東京都港区

会社員としてWeb広告〜デジタルマーケティング全般のコンサルを経験し独立

——御社のことについて、紹介していただけますか。

東京都港区でデジタルマーケティングのコンサルティングをやっています。新卒で3年間、Web広告のプランニングや運用をメインで担当した後、2社目ではデジタルマーケティング全般のコンサルタントとして約9年間、主に大企業を担当しました。西さんとお仕事をしたのもその頃ですよね。

会社設立は2019年、前職同様、デジタルマーケティングのコンサルティングがメインで、広告代理業は事業の一つです。クライアントの売上を上げるためにデータを分析し、既存と新規どちらを伸ばすか、新規開拓はどうするか、必要であれば広告もしよう、など、いろいろなソリューションでお手伝いしています。デジタル時代のマーケティング・コミュニケーションにおいて、お客様と共に伴走するパートナーとして、ビジネス課題の解決をお手伝いしています。

有名企業からの指名多数！　MBA取得の凄腕デジタルマーケティングのコンサルタント

――西本さんとは長いお付き合いですが、変わらずのご活躍ですね。独立後の事業状況を教えてください。

現在、クライアントは5社。航空会社、新聞社、不動産会社など有名企業が多く、時期にもよりますが、広告予算月数百万円～数千万円といった規模感です。ありがたいことに、前職で私を指名していただいていたクライアントを、前職の会社の代表の了承のもと、新会社（現会社）に契約移行できたため、創業時からご支援しています。また、前職の会社と業務委託契約を結び、前職のクライアントも引き続きご支援しています。

前職はサラリーマンとはいえ、働き方は個人事業主に近く、一人で1社をサポートする体制だったため、前職と現職とで働き方に大きな変化はありません。また、現クライアントはすべてご紹介でご支援する機会をいただいており、営業活動はしていません。

――起業のきっかけは何ですか。また、ご家族の反応は。

学生時代から起業志向で、大学卒業後もMBAにいくなど準備をしていました。社会人として干支が一回りした節目の年に起業しました。もちろん、自分のクライアントで売上見込みが立ったということもあります。

妻は、私の思いを知っていたので、起業したい旨を伝えた時もびっくりはされましたが否定はなく、「分かった。頑張ってね！　応援する！」という感じでした。

――実際、独立されてどうですか。

今、2期目ですが、すごく「いい感じ」に過ごしています。法務や財務など未知の不安もありましたが、それも含めてすべて楽しんでいます。自宅がオフィスでいろいろと融通が利くため、妻や小学生の娘のサポートもしやすいです。

——いい感じとは素晴らしいです。難しかったことはありますか。

クライアント支援に関しては苦労なく、今まで通りです。強いていうなら、全クライアントの広告費用が数千万円の月もあるため、立替額（売掛）が大きくなります。そのあたりの資金繰りには注意して対応しています。

一人企業のメリットはスピード。クライアント満足度も向上！

——1年目のキャッシュフローは特に大変ですよね。独立してよかったことはありますか。

一人企業ですべてがスピーディーに動けることですね。依頼にスムーズに対応でき、それがクライアントの満足度を高めている一つの理由になっていると思います。

大きな広告代理店はどうしても時間がかかり、クライアントの課題にスピーディーに対応できないことが多く、解決のチャンスを逃してしまうこともあります。一人企業のメリットを最大限に活かして、お客さんが喜んでくれる状態なのが一番幸せで嬉しいです。

仕事の本質は「どうすればクライアントを助けられるか」

——西本さんが指名される理由があると思うのですが、大事にしていることを教えてください。

私たちはクライアントが困っていることを解決するのが仕事。かゆいところに手が届くことを、非常に意識しています。知識・ノウハウ・スキル・リソースなど足りないことがあれば、いろんな意味で助けてあげたい。「どんなことすれば喜ばれるか」を考えています。たとえば、他の広告代理店が遅いならスピードを意識するとか、当たり前のことをするのが一番大事だと思っています。

——西本さんは、レポートの仕方をとっても、ファクトやデータを客観的・

多角的に見つつ、クライアントの理解度に合わせて、ここまで伝えよう、このように数字を見せよう、とすごく考えていらっしゃいますよね。

照れますね。私たちの仕事の本質は、クライアントの課題解決で、広告を出すことではありません。レポートもその視点ですね。

――**まさにその通りです。**

コンサル費用と広告出稿手数料、二つの報酬モデル

――**業務の幅が広そうですが、働き方はどうしていますか。**

コンサル事業と広告代理事業、二つの事業があり、広告代理事業は一般的な手数料（マージン）モデル。コンサル事業は私の時間を各社でシェアする形で、月の稼働時間により報酬（フィー）をいただいています。多いところは、週1で会議して、プロジェクトの進捗確認や進行、また新プロジェクトの相談も随時いただいています。コンサル事業でも、広告出稿を伴う場合は広告出稿の手数料もいただくため、コンサル事業と広告代理事業の両方を契約いただく場合もあります。

――**なるほど。本書でも報酬モデルを複数紹介していますが、コンサル型広告代理店としてはコンサル費用に広告運用代行手数料を含めるモデルをお勧めしているんです。今後の事業拡大の計画はありますか。**

会社を拡大していくことについては、大きな願望はないです。このまま一人でも全然いいと考えてます。今後、一緒に働きたい方がいれば、社員雇用でも業務委託でも雇用形態は問わず、メンバーが増えればいいかな、という考えです。計画的な採用は考えていないです。

――**最近は、採用せずともネットワーク化してプロ人材と仕事できますからね。**

常に勉強しサービスレベルを向上

――サービスレベルについて、クライアントの要望に応えたいが線引きが難しい場面もあります。気をつけていることはありますか。

自分ができることを提供するのを大前提としつつ、常にスキルアップを図っています。セミナーなどにも積極的にいきますし、実務でも多くを学んでいます。クライアントには恵まれていて、新しいことにチャレンジしやすい環境でもあります。

自分のスキルが足りない分野は友人知人に仕事を紹介したりすることもあります。

学び続けてサービスレベルを上げる。一緒に働くメンバーが増えれば、その人ができることをクライアントに提供するだけですね。

コンサルタントとしての情報発信で自分に「タグづけ」

――西本さんが大企業と仕事をしているように、企業が個人に依頼する時代になってきています。私は、西本さんのような「外部のCMO」がネット広告代理店業界で増えてほしいと思っていますが、広告代理店がコンサルタントを目指すには、何を提供すればよいと思いますか。

何を提供するかは難しいですね。私は仕事上、広告主の1メンバーとして広告代理店と会うこともありますが、デジタルマーケティングって広告だけではないのに、広告だけの話をされると「違うなぁ」と思います。

クライアントから、「広告代理店」だと思われたらその範囲、リスティング屋だと思われたらそこまでです。自分をコンサルタントだと「タグづけ」すること。いかに広い視野でクライアントの売上について考えているかを話せば、相手の見方が変わります。自分の日頃の言動や情報発信次第で「タグづけ」が変わるはずです。

広告運用だけ、GoogleやYahoo!など媒体知識だけではダメで、たとえば「御社の売上のために、Web広告をやめて、これをやりましょう」といえるとか、Web広告以外の視点を持てるといいと思います。ただ、コンサル型に移行するには、多くの知識が必要であることは確かです。

——最後に、ネット広告代理店に向いている人を教えてください。

西さんみたいな人ですよね。いや本当ですよ！　真面目で几帳面なこと。

広告運用は設定次第なので仕組み化も大切です。

後は、大前提として、お客さんが好きになれる人。あの人のため、あの会社のために頑張ろうという熱意がないと物事は動きませんから。

CASE 7 ビジョンは「世界一効率的な広告代理店」。月5万円～の少額広告主に特化し全国トップクラスの運用件数を実現！

【Profile】
株式会社カルテットコミュニケーションズ
https://quartet-communications.com
代表取締役：堤大輔（36歳）
所在地：名古屋本社（愛知県名古屋市中区）、東京支店、大阪支店

Webコンサルティング会社勤務から独立、「世界一効率的な広告代理店」を目指す

――御社のことについて、紹介していただけますか。

リスティング広告運用代行の専門会社です。運用代行の他、運用効率化のために自社開発した運用支援ツール「Lisket」も販売しています。

中小企業、地域の店舗など月5万～20万円程度の少額広告予算の顧客が全体の85～90%を占める「小さな広告主」のための広告代理店で、現在、役員・社員含めて70名です。経営ビジョン「世界一効率的な広告代理店になる」の通り、徹底的に運用を効率化し、通常、広告代理店が引き受けないような小規模広告主から大手まで対応、Yahoo!やGoogleから20回以上の表彰実績もあります。

2019年の月間残業時間平均は一人あたり7.6時間で、働き方改革の先進企業として取材や講演も実績多数、「ホワイト企業大賞特別賞」も受賞しました。2009年に個人事業主として独立、2011年に法人化しました。

製造業から飲食店のランチ集客まで、他の広告代理店が扱わない少額広告主を支援

——顧客の地域や業種などに特徴はありますか。

業種・地域は幅広いです。日本でトップクラスに新規が多い広告代理店なので、ほぼすべての業種をやっていますが、リアル店舗か、通販サイト以外の会社が多いです。

当社らしい案件として、地方の飲食店のランチ集客の例では、はじめる前から地方なので大したクリック数は期待できないことは分かっていましたが、実際やってみると月に数千円程度しか広告費が使えない状態でした。効果計測ツールを導入するほどのレベルでもありませんし。でも、もともとランチがガラガラだったこともあり、効果計測がしっかりできていなくても「どう考えてもリスティング広告のおかげ。ランチにお客さんが増えた。よかったよ」と満足してもらっている、といった感じです。

——それは超絶ニッチですね！　カルテットさんらしいです。

製造業も特徴的です。どの製造業もニッチなキーワードがあり、クリック数は少ないがコンバージョン率が高い。リスティング広告をやる競合が少なく、広告費をそこまで大きくかけないでも成果が上がることが多いです。

リアルビジネスは広告費をかけて集客が増えたとしても、「人がいない（キャパがない）から、広告費は上げずにこのままで」となりがち。飲食店は簡単に2店目を出さないし、製造業は工場が稼働していれば満足、広告予算は増えないが「来年もよろしく」と継続してくれる。だから数を集めて効率的にやっています。

「中小企業の社長をリスティング広告で助けたい！」という思いが原点

——起業したきっかけを教えてください。

前職のWebコンサルティング会社で、WebサイトやSEO、ネット広告な

どの営業マンとして、中小企業の社長さんに大勢会い、この方たちを支援するのは面白そうだと思ったことです。当時20代前半で、「社長」って何でも知ってる人たちだと思っていたのに、たとえばネットについてまったく知識がなかったりするんですよね。もともとの独立志向もあり26歳の時に決断しました。

独立後、集客支援をするなかで、もっとも費用対効果と再現性が高く、対応業種が広いのがリスティング広告だと実感したのが特化した理由です。最初は、低品質のホームページを改善するビジネスからはじめ、その後、Web制作や集客コンサルなどで順調に売上を伸ばし、チームの人数も増やしました。

僕は、とにかく大勢でワイワイと仕事をしたいのですが、人数が増えても売上は増えない。悩んでいる時、有名な起業家の経営塾を紹介されたんです。1年目の会社にとって年間30万円の受講費は大金でしたが多くを学びました。そこの塾長が「中小企業に特化したリスティング広告」というアイデアをくれたんです。

——設立1年目で外で勉強する姿勢が素晴らしいです。現在、顧客獲得はどうしていますか。

僕らはネット広告屋。自社も広告をやらなきゃ説得力がありません。ネット広告もブログもやり、とにかくWebサイトに問い合わせをいただくことにこだわってます。

——ネット広告代理店を起業してよかったことを教えてください。

経営面では、成長市場であること、若い人たちに人気があり採用がしやすいこと、売上予測が立てやすいのもよいです。

リスティング広告のよい点は、ダイレクトに売上にインパクトが出せること。たとえば、SEOなら順位は上がるが売上にはコミットできません。リスティング広告は売上に貢献でき顧客から感謝される、成長させている実感が持てる。そこに未だに感動します。

ネット広告代理店の効率化には、業務標準化と育成の仕組みづくりが必須

――ネット広告代理店で難しかったことはありますか。

業務の標準化、運用者育成の仕組みづくりは難しかったです。初代運用者だった僕のノウハウをメンバーに伝える仕組みづくりに2〜3年かかりました。当社COOは仕組みづくりが得意で、「なんとなくこうだから、今日これをやっとかないと」みたいな説明をする僕にしつこく質問し、体系立てて仕組み化してくれました。

――事業をされるなかで、大事にしていることを教えてください。

「なんでもかんでも仕事を取るのではなく、成果の出るお客様を見つけることが大事」ということ。集客見込みのない案件は運用者にとって最悪で、顧客もがっかりする、クレームの可能性だってあります。たとえば、看護師求人は10万円では無理だし、Webサイトがひどい場合も難しい。

後は、事業を特化してる分、知識は誰にも負けるなと社員にはいっています。大手広告代理店は幅広い知識が強み。僕らは狭い分、深くないと話になりません。

――独立についてご家族の反応はいかがでしたか。

当時、結婚直前でしたが、独立したいと伝えてあり反対はありませんでした。僕は、中学生ながらパソコン通信で服の売買をしたり、大学を出て就職の内定を蹴ってバンドマンになったこともある人間なので、母親は心配していましたが、父親は「まあいいんじゃない」と、いつもの感じでいってくれました。

高級寿司店と100円回転寿司チェーンのように、多様なサービスがあってよい

――ネット広告代理店は一人でもできますが、堤さんは人数多い方がいいとおっしゃってますよね。今後も事業は拡大していきますか。

はい。ニーズはたくさんあるので、僕らしかできない、小規模な広告主を満足させる適切なサービスを磨き、顧客を開拓し、社員も増員して事業拡大したいです。

寿司屋に例えると、僕は銀座の高級店ではなく、100円の回転寿司チェーン店をつくりたいんです。同じ寿司屋だけど違う、志向の問題です。

広告でも、中小企業に数多く対応するには少数精鋭・高品質では無理で、大勢で効率的にやる方が有利です。僕らは直接受注する他、他の広告代理店との提携案件もあり、約750社の提携広告代理店から、たとえば「顧客数十件、全部渡したい」といった依頼もあります。そういう時にこちらに余裕がないとダメで、大勢いる分、僕らは「200件でもできます」といえる。それもメリットです。

――最後に、ネット広告代理店に向いている人はどんな人か教えてください。

コミュニケーション能力が高く数字が好きな人。ネット広告の世界には、数字が嫌いな人や、アートっぽい広告をつくりたい人は来ちゃいけないと思います。数字を追求しつつ、顧客に成果と価値を伝えることが必要で、結局、コミュ力が高い人がうまくやれるし、うちでも成長しますね。

――説明できないと大変なことになりますよね。

コミュ力がある人って「いい感じでしたよ。来月も任せてください。次はこれぐらいだと思います」って電話打ち合わせも、フワッと伝えて2〜3分で終わる。数字だけ強い人はいわなくていい数字まで伝えて顧客が不安になり、さらに説明してるうち電話に1時間かかったり。コミュ力が高いと時短ができ効率的というのは、実感としてありますね。

CASE 8

治療院に特化し、全国でクライアントを獲得。週4回メルマガ発行、月2回セミナー開催で顧客と接点をつくる！

【Profile】
YMC株式会社　https://y-m-c.jp/
代表：山本尚平（40歳）
所在地：岡山県岡山市

治療院から社内起業をし、他の治療院の経営を支援

――御社のことについて、紹介していただけますか。

2012年から治療院の経営支援をしています。全国の接骨院、鍼灸院の売上アップ支援サービスです。アフィリエイト広告事業を2〜3年した後、この仕事をやっています。その前は全然違う職業で、ビリヤード場で働いてプロを目指していました。

事業所は岡山にありますが、クライアントは北海道から九州・沖縄まで20弱ほどあります。年商は2,500〜3,000万円。社員はおらず、役員が2人と、パートや外注が4人です。

自社の成功メソッドを、他社に提供

――ネット広告代理店をはじめたきっかけを教えていただけますか。

もともと、治療院の会社があり、その一部が分社化した形です。僕が社内起業して、代表を務めています。

治療院の売上を上げる時、切り離せないのが「集客」。特にインターネット集客が、ここ10年で重要になっています。最初はSEOも効果があり、コントロールできましたが、GoogleがSEOのアップデートを繰り返し、対応しに

くくなってきました。

経営者が売上を伸ばしたい・集客をしたいなら、やっぱりPPC広告です。必要かつ、もっとも強力と気づきました。それで西さんに相談したのが、広告代理店をはじめたきっかけです。

最初は、自社の治療院の売上を伸ばすことからスタートしました。成功したので、他社にサービスとして提供しはじめました。

今使っているのは、GoogleとYahoo!広告、一部Facebook広告で、この三つがほぼメインです。広告費は、少ないところで月間5万円、多いところは40万円くらいです。関連会社の治療院は、月間100万円以上広告費を使っています。

――広告は、お金がかかるので躊躇する方も多いと思います。いかがでしょうか。

抵抗がある治療院は、多いです。

でもネット広告のよさは、月1万円からできること。チラシよりリスクが低い。僕らも最初は月に2万円、3万円と小さくはじめました。それだけの小さな予算でも、リアクションを感じることができたんですよね。SEOもやっていましたが、それだけより新規患者の来院が明らかに増えました。改善を繰り返し、今では月100万円以上使うようになりました。

昔から事業をされている治療院は、広告にアレルギーといいますか、やったことのない方がほとんどなので、予算を使いたくない方が多い。教育が必要で、最初はコンサルやセミナーから入っていきます。

SEOは、何をしたら検索順位が上がるのか分からない。広告は審査に通ってお金さえかければ、検索でアクセスが集まるので、余計な手間がないです。事業主として不安材料が一個減る。確実に集客につながる、安心感があります。

新規顧客獲得のために

――顧客を得るために、どのようなことをされていますか。

メールマガジンを発行しています。オーガニック（自然検索）やSNSでアクセスを集め、メルマガ登録をさせるのが一つ。

また、ジョイントベンチャーで「治療家が欲しがる治療グッズ」というユニークな商材をつくっています。それを「無料で試してみませんか？」と、Facebook広告で告知しています。資料請求をすると、メールマガジンに登録され読者となります。

メールマガジンは、週3〜4回出しています。僕ともう一人の役員で書いて、セミナーや商材を告知します。

そして、毎月1〜2回、東京や大阪で、治療院の先生を対象に5,000円〜20,000円の有料セミナーを開催しています。何らかのテーマに引っかかり、悩まれている時に参加されるようです。タイミングを合わせるためには数を打つしかない。相手の都合はコントロールできないので、こちらがやるのはセミナーを頻繁に開催することです。

この前も、3年くらいメルマガ読んでいる方が初めて来られました。話を聞くと売上の低下に悩んで、ちょうどセミナーがあったから参加しましたと。

セミナーのネタを探すのは大変です。切り口を変えて、いろいろやっています。他の業者さんと合同で、ダイエット機器導入セミナーをやることもあります。ダイエットマシンの紹介と機器の告知ですが、目新しいものがないと人が集まらないので。

そうやって、セミナーをきっかけに治療院の先生と知り合います。

最初はコンサルティングを受けてもらう形が多いです。そして、コンサルティングのなかで、「やっぱり集客は大事ですね。PPCやってみませんか」と説明します。すぐに「PPCやってみませんか」というオファーは、ほとんどしません。うちは代行手数料が他よりちょっと高いので、価格では負けます。当社の考え方や、コンサルティング込みというところに価値を感じていただける方を獲得しています。

——お客さんに段階的に情報を提供しながら、ネット広告への関心を上げていくのですね。では、ネット広告代理店としての課題は何でしょうか。

成果が短期間で出ないと続かないのが、一番難しい点です。半年ぐらいで、契約終了になることもあります。

業種は治療院で同じでも、エリアによって、同じ設定でも全然成果が出ないこともあります。その差をいかに埋め合わせるか、数ヶ月の間に改善しなければならないです。

安定した継続モデル

——逆に、やっていてよかったことは。

クライアントさんの喜びの声が、一番です。売上が2倍・3倍になった方もたくさんおられます。5年くらい、ずっと任せていただいている方もいます。よい関係が築けるのは嬉しいです。

後は安定。月額のサブスクリプションモデルの代行手数料ですので。5社・10社あれば、自分の事業にプラスして50～100万円、上乗せで売上があります。クライアントの事業が軌道に乗れば、スイッチングコストがかかり、別の広告代理店に切り替えられることが少ない。ずっとお付き合いが続く。うまくいきはじめると、広告代理店としてあまり作業をやらなくてもよくなるので、負担も減りつつ、安定収入が得られます。

——特に広告代理店事業の場合、うまく設定すると、あまりいじることもないですね。山本さんが、事業で大事にしていることはありますか。

クライアントの成果、望む目標を一緒に試行錯誤し達成する、その「姿勢」が大事だと思っています。どうすればうまくいくか考えながら、一緒に問題解決していくスタンスなら、いきなりお付き合いが終了することはないです。結果へのこだわり、そこはかなり気をつけています。

PPC広告でやることは、他の広告代理店もそんなに変わらない。最近、Google広告のシステムもどんどん自動化され、差がつきにくい。ビジネスモデルやターゲット、クライアントの根本部分を一緒に考えていく姿勢、そこまで突っ込むと、広告を出すだけのところと差がつきます。その分高い金額でも納得いただけますし、長期継続的にお付き合いができます。

確実な成長と総合力の強化を

――今後、どのようなことを考えておられますか。

現在、自分だけでは手一杯なので、運用ができる社員を雇うのが一つかなと思います。

後はコンサルティング事業を強化して、売上アップの底上げとなるPPC広告も含めて、オールインパッケージの治療技術をレクチャーすることも考えています。治療院ビジネスには、技術が大事です。売上アップの方法、集客、セールスなど、「総合力の戦い」ですので、確立したプログラムをつくりたい。単価を上げて販売し、さらに成果の出るプログラムをつくって、少ない人数で多くの売上を上げたい。社員を雇うにせよ、少ない人数で小回りが利く事業形態を目指しています。

――人数を増やして売上を取るより、確実な成長とお客様への適切なサービスをということですね。最後に、ネット広告代理店に向いている人は、どういう人と思いますか。

まず、僕らのようなコンサルティング事業をしている方は、絶対にやった方がいいと思いますね。特にBtoBのコンサルタントや法人に何らかの支援をしている人、税理士や社労士もよいと思います。そういった方がオプションを持つのは、強力です。

今、どんどん広告の設定が簡単になっているので、ハードルは高くない。ネットの専門家でなくてもできる。

コミュニケーションが上手な方は、向いていると思います。足繁くクライアントのところに通っている営業マンの人。そういう方が、ネット広告代理店をはじめるとうまくいくのではないでしょうか。

CASE 9 マーケティングからIT支援までハイエンドなサービス実現のため会社設立。5期目で売上10億円に成長！

【Profile】
株式会社グラフトンノート　https://graphtone-note.co.jp
代表取締役CMSO：矢野哲快（36歳）
所在地：東京都渋谷区

大手広告代理店・ネット広告代理店・アドテク企業と幅広いマーケティングを経験

――御社のことについて、紹介していただけますか。

デジタルを中心としたマーケティングとIT支援の会社を経営しています。顧客はほとんど全国にビジネスを展開している企業で、業種は多種多様です。顧客の広告予算は月5万～数千万円まで幅広いです。当社の売上は約10億円、役員含む社員10名、現在5期目です。

私自身は総合広告会社でマス広告を扱い、その後、ネット広告会社、アドテクノロジー会社でキャリアを積み、マスからデジタルまでのマーケティングを経験し2015年に独立、法人を設立しました。

ネット広告業界には、ハイエンドなサービスを提供できる会社が少ない

――起業したきっかけを教えてください。

「自分がよいと思うサービスを提供できる組織をつくりたい」という思いからです。広告業界は変化が激しく、ソリューションもサービスも多種多様、所属する企業の方針で提供するサービスは決まってしまいます。私はそれを自分自身で決めたかったのです。

ネット広告をある一定レベルで利用できる人はまだまだ少なく、だからこそ、西さんはネット広告代理店を増やそうと活動され、大手広告代理店では業務を標準化しようとしています。一方、様々なプラットフォームやテクノロジーを駆使し成果を追求するハイエンドなサービスを提供できる会社はすごく少ない。それをやりたかったのです。

起業メンバーである現在の経営陣3人は、広告に強い私の他、プロジェクトマネジメントと開発にそれぞれ強みがあり、様々な課題解決が可能です。

――ハイエンドなサービスへの需要を見越して起業されたわけですね、反響はどうでしたか。

おかげさまで想定通りでしたね。初年度から億単位の売上があり、ニーズを強く感じました。顧客もほぼすべて紹介で拡大しています。

集客、データ解析、システム開発……多様な支援を少数精鋭で実現

――ハイエンドなサービスとは具体的にはどのようなものなのでしょうか。

課題解決の手法は広告だけではありませんし、たとえば、集客したサイトではアクセス解析が必要です。広告運用もアクセス解析もできる人は少ないですが、我々はできます。広告を知っているからこそ、数字の意味することが皮膚感覚で分かります。それがないとアクセス解析はできません。

マーケティングとITの両軸でサポートできるのも強みです。IT支援で最近分かりやすい例は、マーケティングダッシュボードです。複数のソースからデータを集めビジュアル化して意味ある形にする、ということが数年前から流行っています。企業が持つデータを抽出するにはシステム開発が必要な場合もあり、マーケティングやちょっとしたWebの知識ではどうにもならないケースが多いです。私たちはシステム開発もできる組織なのでIT支援も可能です。

――起業してよかったことは何ですか。

会社員時代は運用型広告でPDCAを回し、仮説通りにうまくいくのが楽しかったのですが、それを会社経営というステージで経験できることです。起業前から成功するロジックは立てていたのですが、想定通りによい滑り出しとなり、今でも成長できており、とても面白いです。

もちろん、想定通りにいかないことも多々あり、反省・修正の毎日です。

――事業を進める上で、気をつけていることを教えてください。

信用を裏切らないことですね。先にもお話したように、弊社の顧客はほぼご紹介です。紹介してくださった方と顧客、双方の信用を裏切らないよう、会社経営でも日々の業務でも常に意識しています。

――ネット広告代理店で難しかったことはありますか。

一つはキャッシュフローです。ネット広告はGoogleのように、取引実績がないとクレジットカード払いや前入金の場合が多く、受注が増えるとそれだけ現金が必要です。キャッシュフローについては創業前から相当意識していたので苦労という程ではないですが、やりくりは大変でしたね。

二つ目は採用。運用型広告ができる人やデジタルマーケティングを知っている人はもともと少数で、組織を拡大したくとも採用は苦労しています。

――ハイエンドなサービスには人材の質が大切ですよね。採用については、どんな手段でやっていますか。

エージェントの他、Wantedlyやダイレクトリクルーティングなどいろいろ試していますが、人事機能はすべて外注で、人事コンサルティング会社に支援してもらっています。その他、大手企業との事例を外部メディアで記事化するなど、会社の顔が見える露出を増やしています。

人材育成に大事なのは、社員が考えることに時間を使える環境づくり

——人材育成も重要そうですね。どのようにしていますか。

レポートの仕組み化など、オペレーション面で時間が取られないような工夫と、すごく気をつけているのは、社員が考えることに時間を使える環境をつくることです。

この仕事で大変なのは、顧客対応と、覚えるべき知識量です。この業界に新しく入って、知識のない状態で顧客からのいろいろな要望に応えようとすると混乱してしまう。無理難題への対応などは運用スキルではなく営業スキルの問題ですし、一気に全部解決するのは難しいです。まずは、広告管理画面に向き合い、論理的に答えを導きやすい仕事を経験してもらい、運用スキルだけでは対応しにくいことは僕がやるようにしています。とにかくロジカルに答えを導き出せる仕事に集中してもらいたいんです。

——それはよい上司ですね！　今後どのように事業拡大していきたいですか。

社員を増やし、事業を拡大したいです。単に人数を増やして売上を増やすのではなく、サービスの質で評価いただいているので、採用と育成をしっかりやって、クオリティを担保していきます。

——起業された時のご家族の反応を教えてください。

僕は子どもが3人いて、起業当時は2人目が生まれたばかりでしたが、妻は応援してくれました。実は、3社目が社員10名くらい（入社当時）のベンチャーで、転職時にすごく反対されたんです。でも、その後の働きぶりを見て納得したようで、起業の時にはもう理解してくれていましたね。

——最後に、ネット広告代理店に向いている人はどんな人ですか。

問題解決が好き、誰かを助けることが好きな人は向いていると思います。その上で、抽象化されたものを具体化する、数字を意味化して伝えられる人

は向いていますね。

事業化の観点では、「一人がよい！」みたいな人は収入面を含めたメリットを個人事業主か法人化か比べて決めたらよいと思いますし、我々のように組織化したいなら、法人としてやった方がいいと思います。

――ネット広告代理店業界でも、「組織を大きくし広く社会に貢献する」「自由な時間やプライベートとのバランスを追求する」と大きく二つに分かれてきていますね。組織の必要性という観点は、いろんな方と話していても面白いです。

その通りですね。自由度が高い職種なので、スキルがあれば在宅などで時間を柔軟に使えます。会社組織では、どうしても場所や時間は制限されますので。

ただ、僕は自分がやっていることを他の人に広め、支援できる人材・企業を増やすことが日本のマーケティング業界に必要だと思っています。その枠を広げていきたいですね。

CASE 10

月広告予算100万～1,000万円の顧客をターゲットに毎年1.5倍の成長率を達成。中価格帯でサービスレベル一番の広告代理店を目指す！

【Profile】
プライムナンバーズ株式会社　https://primenumbers.co.jp
代表取締役：小林大輔（37歳）　Twitter：@kobayashigani
所在地：東京都渋谷区

ネット広告代理店の営業と広告運用で経験を積み、30歳で独立

――御社のことについて、紹介していただけますか。

新卒でネット広告代理店のトランスコスモス株式会社で営業と運用を経験し、2012年、30歳で独立しました。会社は現在8期目、社員は23名です。前職では、営業として新規や大企業を担当したのち、広告運用部門で「炎上プロジェクトの火消し」、つまりトラブルを抱えるプロジェクトを立て直す専門チームでマネージャーをやっていました。

当社の売上構成はGoogleとYahoo!の広告運用からが6割。ダイレクトレスポンス獲得を重視する広告主が多いため、そこに強いGoogleの比率が高いです。後は、SNSやDSPなどの広告と、ランディングページ制作などの付随業務です。

ターゲット顧客は月の広告予算100万～1,000万円のいわゆる「中価格帯」、業種は多種多様です。直接受注は低～中価格帯の顧客ですが、その他、大手広告代理店から来る月額予算1,000万円以上ある大きめの案件も請け負っています。

ターゲットを中価格帯としているのは、予算が上がると大手と競合するか

ら。大手がやりたがらない、手を抜いて運用している価格帯の顧客に、質の高いサービスを提供する広告代理店が求められており、そこが僕たちの差別化ポイントだと考えています。

——ネット広告代理店を起業したきっかけを教えてください

就職する前から独立したいと思っていまして、必死に勉強すれば就職してから1〜2年で独立できるだろうと思っていました。でも、実際就職して働いてみたら、1〜2年勉強した程度ではまったく通用しないわけです。まあ当たり前ですよね。就職してから2年目くらいで自分の考えは甘かったなと反省しまして、もっと腰を据えてしっかり勉強してから、30歳で独立するという計画に変えたんです。

前職はやりがいも、給与も十分でしたし、とても楽しくいろいろやらせてもらえたので、退職は大きな決断でした。「もっとこの会社で働きたいなぁ」と思いながら辞めましたね。

就職前に独立したいと考えていた時は独立するための業種にこだわりはなかったのですが、はじめに入社した会社で経験したネット広告は非常に面白かったし、この仕事をもっとよくできる自信があったので、ネット広告の会社を起業しました。

ネット広告代理店は「顧客×従業員×自社」すべてを成長させられる

——ネット広告代理店をやってよかったことを教えてください。

自分の事業の影響力を実感できることです。顧客の事業成長に貢献できたり、社員の成長を感じられると、「やったぜ！」と嬉しくなりますね。「顧客×従業員×自社」の三つを同時に成長させるビジネスを目指しており、ネット広告はそれを実現できます。

徐々に組織は拡大し、サービスの質でも結果は出ていますが、まだ自分の理想には遠いです。もっとやれると感じています。

——顧客獲得はどのように行われているか教えてください。

紹介が8割です。その他、ランディングページへの問い合わせや委託先の営業会社からの案件もあります。

今後は、自社にマーケティング・営業組織をつくり、顧客獲得機能を強化していく予定です。紹介は、仕事の結果がたまたまつながっているだけ。素晴らしいことですが、紹介がなくても成長できる企業であるべきだと思います。

事業の進捗とともに変わる経営課題。はじめの課題は「資金確保」

——ネット広告代理店を起業して難しかったことは何ですか。

時系列で様々な課題が発生してきました。たとえば、立ち上げ当初は売掛資金の確保だったり、広告運用に不可欠な媒体の最新情報などが入手しにくいこと。それが事業拡大につれ、採用や教育、社員のマネジメントなど組織面でのチャレンジがあり、現在は「顧客獲得」が重要課題です。

開業当初の課題の一つ、資金不足については、予算1,000万円で広告を頼むよといわれても、「やりたいけどお金ないんです！」みたいなこともありました。仕入費用も含めて前金で入金いただいたり、媒体費は広告主に支払っていただき、手数料だけ請求するなどで乗り切るうち、銀行が融資してくれるようになりましたね。

他にも、起業当初の苦しい時期で口座残高20万円程度しかない頃に大きな「ヘマ」もしています。弊社をすでに退職済みの従業員が、退職後であるにも関わらず弊社名義で勝手に数千万円分の仕入をしたまま逃亡してしまったことがありました。もちろんその発注について一緒に働いていた社員は誰も知らず、工場から大量納品される時点で発覚し「どうするんだ！」と。そんなことをした人が悪いのは当たり前ですが、経営者としては退職した人への対応やリスク管理が甘かったと反省しました。本当に自身が未熟だったと思います。ちなみに損害金は弁護士を雇って減額交渉はしましたが結局すべてこちらが払うことになりました。その後、何とか巻き返すべく資金を集めて、必死で営業活動しましたが、その時はめちゃめちゃ大変でしたね。

「中価格帯でサービスレベル一番」を目指し、運用力と顧客獲得機能を強化

――今後、どのように事業を拡大するか教えてください。

中価格帯でサービスレベルが一番の広告代理店になるべく、運用力を向上するのが第一優先で、その次が、顧客獲得のための営業・マーケ機能強化です。これまではお客様に全力で向き合い、結果を出すことで紹介につなげていましたが、会社としての生産能力は向上しているので、今後は積極的に顧客を開拓していきます。

ちょっと暇、かつ社員が「面白い！」と感じる、年1.5倍の成長率がちょうどいい。当社は年1.5倍程度の成長を目標にしており、これまでも毎年、そのペースです。

経営感覚ではもっと成長率を上げられると感じていますが、案件をギュウギュウに詰め過ぎると残業が発生したり、スキルアップのためのトレーニングができなくなるなどデメリットが極めて大きいです。8割稼働で2割空き、ちょっと暇なくらいがいいんです。

ただ、未経験で採用しトレーニングしている若手は、彼ら自身の成長率が高く、会社の成長率が低いとつまらなくなります。社員が「面白い！」と思えるくらい、会社・個人・顧客の成長率が同じ程度がいい。今がちょうどいいと感じています。

――ネット広告代理店は一人起業もできますが、小林さんは拡大志向ですね。何か理由はありますか。

理由は三つあり、一つ目は、会社や仕事は成長を前提にするべきという思いからです。我々のサービスで顧客のビジネスを成長させ続けたいし、チームメンバーのスキル、収入、生活も向上させてあげなきゃいけない。それを実現するには、結局我々の組織が成長しないと実現できません。人数が減る

こと自体が悪いとは思わないけれど、事業が縮小しては顧客にも社員にも成長を提供できないですよね。

二つ目は、サービスが手薄な中価格帯のネット広告市場で一番になりたいからです。規模、サービスレベルなどすべてが一番で、プライムナンバーズに頼めば絶対結果が出るよね、と思われるブランドになりたいです。

三つ目は、独立当時の体験です。一人でフリーではじめたのですが、めちゃくちゃ寂しくて！　起きて、カフェでPCに向かって、ランチ食べて、別のカフェでまた仕事して、ジムいって筋トレしてビール飲んで寝る、みたいな生活を3ヶ月くらいやりましたが、寂しいし手応えないし「これは違う」と。一人で戦い続けるのがつらかったという経験があります。

最初のメンバーはFacebookの呼びかけで来てくれた元同僚で、4年前くらいまでは10名以下でやってました。特に3年くらい前からは採用も増やし新卒も毎年採用してます。

――独立についてご家族の反応は？

私の場合は結婚はしていませんので、妻や子どもが……といった心配はありませんでしたし、両親に話したところで特別な反応はありませんでした。身近な人に心配されるケースもあるとは思いますが、実際のところフリーランスでやる分には、大きく借金する必要もありませんし、動かすお金もさほど大きくならないケースがほとんどでしょうから、心配されるようなリスクは小さいと思いますよ。

――ネット広告代理店に向いている人はどんな人か教えてください。

毎日0.01％でよいのでコツコツ改善し続けること、これが超絶重要です。広告運用は昨日まで儲かっていたことが、ある時、突然通用しなくなることもありますから、同じことをずっと続けてやっていてもダメです。置かれた環境に合わせて少しづつでもよいので改善し変化し続ける必要があると思います。

私は安定して淡々と改善し続けるという行動を個人で続けるのは意外と難

しいのではないかと感じています。自分たちの置かれた環境を観察しながら、継続して淡々と改善していくというちょっとつまらない作業は、みんなで集まって組織で取り組んだ方が楽にできると思いますよ。

おわりに

本書では『稼げるネット広告代理店のはじめ方』というテーマで展開してきました。

ネット広告が誰でも扱えるのと同じように、ネット広告代理店を立ち上げること自体のハードルはそれほど高くありません。問題は起業後、事業をどう軌道に乗せ、拡大し、将来につなげていくかです。

しかしながら心配は必要ありません。ネット広告代理店の価値を見える化し、パッケージ商品を販売するメーカー業の意識で広告主と向き合えば、必ず事業を軌道に乗せることができるでしょう。

本書を通じてネット広告事業のビジネスチャンスに気づき、地方でネット広告代理店を立ち上げる人が一人でも増えることを願っています。

2020年8月

デジマチェーン代表　西和人

購入者特典

本書をご購入いただいた方限定で、「0からはじめるネット広告代理店開業ウェビナー」に無料でご招待いたします。ウェビナーでは、私が実践してきたネット広告代理店開業、及び、経営ノウハウについて本書の内容をより具体的にお伝えしていきます。

下記のQRコードをスマートフォンのカメラで読み込むか、アドレスをGoogle Chromeなどのウェブブラウザにご入力いただきアクセスしてください。

ウェビナー申し込みURL：https://u.adsta.jp/b

※本特典は著者が独自に提供するものであり、その内容について出版元はいっさい関知いたしません。あらかじめご了承ください。

■著者プロフィール
西　和人（にし・かずと）

◎デジマチェーン株式会社代表取締役。ネット広告代理店開業コンサルタント。WEBマーケティング会社のマーケティング職を経て、運用型広告の世界へ。ネット広告総合代理店オプトにて、運用型広告の運用業務に従事した後、大和ハウスグループにてネット広告の新規事業立ち上げ運営に携わる。
◎2014年10月に法人化。中小企業のデジタルマーケティングの利用促進の担い手として、ネット広告代理店の存在の必要性を感じ、日本初の広告代理店支援事業「デジマチェーン」を展開中。累計200社を超えるネット広告代理店の開業、育成支援を行う。同志社大学大学院MBA課程。

カバーデザイン：大場君人

0からはじめる
ネット広告代理店開業ガイド

発行日　2020年 9月18日　第1版第1刷

著　者　西　和人

発行者　斉藤　和邦
発行所　株式会社　秀和システム
〒135-0016
東京都江東区東陽2-4-2　新宮ビル2F
Tel 03-6264-3105（販売）Fax 03-6264-3094
印刷所　三松堂印刷株式会社　Printed in Japan

ISBN978-4-7980-5607-4 C3055